JN118931

Carp

広島東洋カープ 選

背番号順に選手を覚えよう!

選手

カープのチーム全員が、背番号順に並んでいるよ。
名前と背番号とポジションを全部覚えて応援しよう!

堅実な守備力で白熱した「ポジ争い」制せ

00 内野手

曽根 海成（そね かいせい）

投 打	右投左打
生年月日	1995年4月24日
出身校	京都国際高
出身地	大阪府

走って守れるカープのムードメーカー

0 内野手

上本 崇司（うえもと たかし）

投 打	右投右左打
生年月日	1990年8月22日
出身校	明治大
出身地	広島県

トリプルスリーに近い日本の4番バッター

1 外野手

鈴木 誠也（すずき せいや）

投 打	右投右打
生年月日	1994年8月18日
出身校	二松学舎大附高
出身地	東京都

復活を目指すリーグトップレベルの遊撃手

2 内野手

田中 広輔（たなか こうすけ）

投 打	右投左打
生年月日	1989年7月3日
出身校	東海大
出身地	神奈川県

チームをまとめる統率力抜群のベテラン選手

4 内野手

小窪 哲也（こくぼ てつや）

投 打	右投右打
生年月日	1985年4月12日
出身校	青山学院大
出身地	奈良県

ベテランの実力発揮! 頼れる外野手

5 外野手

長野 久義（ちょうの ひさよし）

投 打	右投右打
生年月日	1984年12月6日
出身校	日本大
出身地	佐賀県

俊足とパンチ力でキャリアハイを目指す

6 内野手

安部 友裕（あべ ともひろ）

投 打	右投左打
生年月日	1989年6月24日
出身校	福岡工大附城東高
出身地	福岡県

プロ11年目、勝負の年。男を見せろ!

7 内野手

堂林 翔太（どうばやし しょうた）

投 打	右投右打
生年月日	1991年8月17日
出身校	中京大中京高
出身地	愛知県

マイナーリーグで通算1000安打以上を記録

10 外野手

J.ピレラ

投 打	右投右打
生年月日	1989年11月21日
出身校	マヌエル・セグンド・サンチェス・マ/高
出身地	ベネズエラ

リーグ優勝奪還には、彼の好投が欠かせない

12 投手

九里 亜蓮（くり あれん）

投 打	右投右打
生年月日	1991年9月1日
出身校	亜細亜大
出身地	鳥取県

気迫を前面に出し、実力を開花させろ!

13 投手

矢崎 拓也（やさき たくや）

投 打	右投右打
生年月日	1994年12月31日
出身校	慶應義塾大
出身地	東京都

カープのエースとして日本一に導く

14 投手

おおせら　だいち
大瀬良　大地

投　　打	右投右打
生年月日	1991年6月17日
出 身 校	九州共立大
出 身 地	長崎県

ポーカーフェイスで投げ抜く中継ぎの柱

16 投手

いまむら　たける
今村　猛

投　　打	右投右打
生年月日	1991年4月17日
出 身 校	清峰高
出 身 地	長崎県

眠っている宇宙人の能力を見せてくれ

17 投手

おかだ　あきたけ
岡田　明丈

投　　打	右投左打
生年月日	1993年10月18日
出 身 校	大阪商業大
出 身 地	東京都

2019年ドラフト1位　将来のエース候補

18 投手

もりした　まさと
森下　暢仁

投　　打	右投右打
生年月日	1997年8月25日
出 身 校	明治大
出 身 地	大分県

今季は右の主軸として復活。投手の要

19 投手

のむら　ゆうすけ
野村　祐輔

投　　打	右投右打
生年月日	1989年6月24日
出 身 校	明治大
出 身 地	岡山県

カープの守護神、その意地を見せろ！

21 投手

なかざき　しょうた
中﨑　翔太

投　　打	右投右打
生年月日	1992年8月10日
出 身 校	日南学園高
出 身 地	鹿児島県

レベルの高い捕手能力と打撃も期待大

22 捕手

なかむら　しょうせい
中村　奨成

投　　打	右投右打
生年月日	1999年6月6日
出 身 校	広陵高
出 身 地	広島県

実力は十分、2017年の15勝を思い出せ！

23 投手

やぶた　かずき
薮田　和樹

投　　打	右投右打
生年月日	1992年8月7日
出 身 校	亜細亜大
出 身 地	広島県

あのピンチに強い投手に戻ってくれ！

26 投手

なかた　れん
中田　廉

投　　打	右投右打
生年月日	1990年7月21日
出 身 校	広陵高
出 身 地	大阪府

チャンスに強い、本塁打を打てる捕手

27 捕手

あいざわ　つばさ
會澤　翼

投　　打	右投右打
生年月日	1988年4月13日
出 身 校	水戸短大附高
出 身 地	茨城県

先発の一角を担ってほしい若き左腕

28 投手

とこだ　ひろき
床田　寛樹

投　　打	左投左打
生年月日	1995年3月1日
出 身 校	中部学院大
出 身 地	兵庫県

今季は活躍の年。優勝に貢献してほしい投手

29 投手

まこと
ケムナ　誠

投　　打	右投右打
生年月日	1995年6月5日
出 身 校	日本文理大
出 身 地	アメリカ

日本一には欠かせない不動のセットアッパー

30 投手
いちおか りゅうじ
一岡 竜司

投 打	右投右打
生年月日	1991年1月11日
出身校	コンピュータ教育学院
出身地	福岡県

ベテラン左腕とコンビを組んでゲームを支配

31 捕手
いしはら よしゆき
石原 慶幸

投 打	右投右打
生年月日	1979年9月7日
出身校	東北福祉大
出身地	岐阜県

虎視眈々と一軍入りを狙う強肩捕手

32 捕手
しらはま ゆうた
白濱 裕太

投 打	右投右打
生年月日	1985年10月31日
出身校	広陵高
出身地	大阪府

日本一の守備職人がチームを引っ張る

33 内野手
きくち りょうすけ
菊池 涼介

投 打	右投右打
生年月日	1990年3月11日
出身校	中京学院大
出身地	東京都

実力は折り紙付き！ カットボールが武器

34 投手
たかはし こうや
高橋 昂也

投 打	左投左打
生年月日	1998年9月27日
出身校	花咲徳栄高
出身地	埼玉県

守備だけではない、今季は打撃にも注目

35 内野手
みよし たくみ
三好 匠

投 打	右投右打
生年月日	1993年6月7日
出身校	九州国際大付
出身地	福岡県

今年こそプロ初勝利を実現したい！

36 投手
ほりえ あつや
塹江 敦哉

投 打	左投左打
生年月日	1997年2月21日
出身校	高松北高
出身地	香川県

レギュラーを獲得し、優勝に貢献してくれ

37 外野手
のま たかよし
野間 峻祥

投 打	右投右打
生年月日	1993年1月28日
出身校	中部学院大
出身地	兵庫県

三拍子揃った潜在能力の高いドラフト2位

38 外野手
うぐさ こうき
宇草 孔基

投 打	右投左打
生年月日	1997年4月17日
出身校	法政大
出身地	東京都

今季もチームの中継ぎを支える凄い投手

39 投手
きくち やすのり
菊池 保則

投 打	右投右打
生年月日	1989年9月18日
出身校	常磐大高
出身地	茨城県

気迫の打撃でチャンスをものにする勝負強さ

40 捕手
いそむら よしたか
磯村 嘉孝

投 打	右投右打
生年月日	1992年11月1日
出身校	中京大中京高
出身地	愛知県

今年こそは先発ローテーションに！

41 投手
ふじい こうや
藤井 皓哉

投 打	右投左打
生年月日	1996年7月29日
出身校	おかやま山陽高
出身地	岡山県

今季、最多勝を目指せ！実力派左のエース

42　投手
K. ジョンソン

投　打	左投左打
生年月日	1984年10月14日
出身校	ウィチタ州立大
出身地	アメリカ

ルーキーイヤー以上の活躍が期待される

43　投手
島内　颯太郎
しまうち　そうたろう

投　打	右投右打
生年月日	1996年10月14日
出身校	九州共立大
出身地	福岡県

将来のクリーンアップ候補。パンチ力が魅力

44　内野手
林　晃汰
はやし　こうた

投　打	右投左打
生年月日	2000年11月16日
出身校	智辯和歌山高
出身地	和歌山県

高い守備力でショートを狙う

45　内野手
羽原　樹
くわはら　たつき

投　打	右投左打
生年月日	1996年7月4日
出身校	常葉学園菊川高
出身地	静岡県

緩急を使ったピッチングが最大の武器

46　投手
高橋　樹也
たかはし　みきや

投　打	左投左打
生年月日	1997年6月21日
出身校	花巻東高
出身地	岩手県

新人王獲得を目指す甘いマスクの右腕

47　投手
山口　翔
やまぐち　しょう

投　打	右投右打
生年月日	1999年4月28日
出身校	熊本工業高
出身地	熊本県

プロ4年目、速球で打者を翻弄

48　投手
アドゥワ　誠
まこと

投　打	右投右打
生年月日	1998年10月2日
出身校	松山聖陵高
出身地	熊本県

パンチ力が魅力の長距離バッター

49　外野手
正隨　優弥
しょうずい　ゆうや

投　打	右投右打
生年月日	1996年4月2日
出身校	亜細亜大
出身地	広島県

昨年は初本塁打を記録したパワーヒッター

50　外野手
髙橋　大樹
たかはし　ひろき

投　打	右投右打
生年月日	1994年5月11日
出身校	龍谷大付平安高
出身地	大阪府

今季レギュラー獲得を誓う、新世代の筆頭

51　内野手
小園　海斗
こぞの　かいと

投　打	右投左打
生年月日	2000年6月7日
出身校	報徳学園高
出身地	兵庫県

スライダーが武器の右腕。2019年ドラ3位

52　投手
鈴木　寛人
すずき　ひろと

投　打	右投右打
生年月日	2001年10月7日
出身校	霞ヶ浦高
出身地	茨城県

優勝するには彼の力が欠かせない注目左腕

53　投手
戸田　隆矢
とだ　たかや

投　打	左投左打
生年月日	1993年6月10日
出身校	樟南高
出身地	兵庫県

センス抜群のアベレージヒッター

54 内野手

韮澤　雄也
にらさわ　ゆうや

投　打	右投左打
生年月日	2001年5月20日
出身校	花咲徳栄高
出身地	新潟県

クリーンアップで30本塁打以上を目指せ！

55 外野手

松山　竜平
まつやま　りゅうへい

投　打	右投左打
生年月日	1985年9月18日
出身校	九州国際大
出身地	鹿児島県

俊足、強肩！　守備力強化で目指せ一軍

56 内野手

中神　拓都
なかがみ　たくと

投　打	右投右打
生年月日	2000年5月29日
出身校	市立岐阜商高
出身地	岐阜県

バッティングセンスもある期待の右腕

57 投手

田中　法彦
たなか　のりひこ

投　打	右投右打
生年月日	2000年10月19日
出身校	菰野高
出身地	三重県

MAX154キロのストレートが最大の武器

58 投手

DJ ジョンソン

投　打	右投左打
生年月日	1989年8月30日
出身校	西オレゴン大
出身地	アメリカ

育成から支配化登録選手に昇格した外野手

59 外野手

大盛　穂
おおもり　みのる

投　打	右投左打
生年月日	1996年8月31日
出身校	静岡産大
出身地	大阪府

昨年は2軍で活躍、今季一軍で大暴れしたい

60 外野手

永井　敦士
ながい　あつし

投　打	右投右打
生年月日	2000年1月10日
出身校	二松学舎大附高
出身地	埼玉県

一軍定着を目指す若き天才バッター

61 捕手

坂倉　将吾
さかくら　しょうご

投　打	右投左打
生年月日	1998年5月29日
出身校	日大三高
出身地	千葉県

小柄ながら強肩の捕手。ドラフト5位

62 捕手

石原　貴規
いしはら　ともき

投　打	右投右打
生年月日	1998年2月3日
出身校	天理大
出身地	兵庫県

打率3割、本塁打20本を実現してほしい

63 内野手

西川　龍馬
にしかわ　りょうま

投　打	右投左打
生年月日	1994年12月10日
出身校	敦賀気比高
出身地	大阪府

150キロを超えるストレートでフル回転！

64 投手

中村　恭平
なかむら　きょうへい

投　打	左投左打
生年月日	1989年3月22日
出身校	富士大
出身地	福岡県

三振が獲れる高卒ルーキー。ドラフト6位

65 投手

玉村　昇悟
たまむら　しょうご

投　打	左投左打
生年月日	2001年4月16日
出身校	丹生高
出身地	福井県

速いストレートとチェンジアップが武器

66　投手
えんどう　あつし
遠藤　淳志

投　打	右投右打
生年月日	1999年4月8日
出身校	霞ヶ浦高
出身地	茨城県

2018年の開幕3連勝の勢いをとり戻せ！

67　投手
なかむら　ゆうた
中村　祐太

投　打	右投右打
生年月日	1995年8月31日
出身校	関東第一高
出身地	東京都

150キロ超えのストレートで一軍を狙う

68　投手
ひらおか　たかと
平岡　敬人

投　打	右投右打
生年月日	1995年8月6日
出身校	中部学院大
出身地	兵庫県

センスある全力プレーでファンを集める

69　内野手
はつき　りゅうたろう
羽月　隆太郎

投　打	右投左打
生年月日	2000年4月19日
出身校	神村学園高
出身地	宮崎県

日本球界初の南アフリカ共和国出身選手

70　投手
T. スコット

投　打	右投右打
生年月日	1992年6月1日
出身校	ノーター・デイム高
出身地	南アフリカ共和国

30本塁打以上を公言したパワーヒッター

96　内野手
A. メヒア

投　打	右投右打
生年月日	1993年3月10日
出身校	サンファンバウティスタデラサジェ中高
出身地	ドミニカ共和国

リリーフの要！　豪速球が武器の驚異の左腕

97　投手
G. フランスア

投　打	左投左打
生年月日	1993年9月25日
出身校	セナペック高
出身地	ドミニカ共和国

育成選手枠から一軍で登板するまでに急成長

98　投手
E. モンティージャ

投　打	左投左打
生年月日	1995年10月2日
出身校	ウルピーナ・ゴンザレス高
出身地	ドミニカ共和国

多彩な変化球を器用に操る育成ドラフト3位

120　投手
うの　たかまさ
畝　章真

投　打	右投右打
生年月日	1995年9月9日
出身校	名古屋商科大
出身地	広島県

何が何でも、今年こそ支配下登録選手に！

121　投手
ふじい　れいら
藤井　黎來

投　打	右投右打
生年月日	1999年9月17日
出身校	大曲工高
出身地	秋田県

長身から投げ下ろすストレートで開花したい

122　投手
ささき　けん
佐々木　健

投　打	右投右打
生年月日	1999年4月2日
出身校	小笠高
出身地	静岡県

強肩で強打が魅力の育成ドラフト1位

123　捕手
もちまる　たいき
持丸　泰輝

投　打	右投左打
生年月日	2001年10月26日
出身校	旭川大高
出身地	北海道

甲子園で打率5割以上！　育成ドラフト2位

124　外野手
きのした　もとひで
木下　元秀

投　打	左投左打
生年月日	2001年7月25日
出身校	敦賀気比高
出身地	大阪府

驚きの球威でバッターと真っ向勝負

144　投手
A. メナ

投　打	右投右打
生年月日	1993年12月6日
出身校	アペック高
出身地	ドミニカ共和国

背番号順に覚えよう！
せばんごうじゅん　おぼ

監督・コーチ
かんとく

カープの監督・コーチ全員が、背番号順に並んでいるよ。
かんとく　ぜんいん　せばんごうじゅん　なら
名前と背番号を全部覚えて応援しよう！
なまえ　ばんごう　ぜんぶおぼ　おうえん

昨年の雪辱を果たし日本一を誓う新監督

88　一軍監督
ささおか　しんじ
佐々岡　真司

投　打	右投右打
生年月日	1967年8月26日
出身校	浜田商高
出身地	島根県

三連覇を支えた彼が日本一を実現させる

71　一軍ヘッドコーチ
こう　しんじ
高　信二

投　打	右投左打
生年月日	1967年4月16日
出身校	東筑高
出身地	福岡県

チャンスに強いバッターを育成する職人

72　二軍打撃コーチ
ひがしで　あきひろ
東出　輝裕

投　打	右投左打
生年月日	1980年8月21日
出身校	敦賀気比高
出身地	福井県

ケガからの回復や不調の選手を蘇らせる

73　三軍投手コーチ強化担当
こばやし　かんえい
小林　幹英

投　打	右投右打
生年月日	1974年1月29日
出身校	専修大
出身地	新潟県

投手王国カープ復活を実現させるために就任

74　二軍投手コーチ
ながかわ　かつひろ
永川　勝浩

投　打	右投右打
生年月日	1980年12月14日
出身校	亜細亜大
出身地	広島県

チーム内競争で勝った選手をサポートする

75　一軍外野守備・走塁コーチ
ひろせ　じゅん
廣瀬　純

投　打	右投右打
生年月日	1979年3月29日
出身校	法政大
出身地	大分県

リーグNo.1のチーム防御率を目指して尽力

76　一軍バッテリーコーチ
くら　よしかず
倉　義和

投　打	右投右打
生年月日	1975年7月27日
出身校	京都産業大
出身地	京都府

強いチームの土台づくりを担う重要な役割

78　三軍統括コーチ
うね　たつみ
畝　龍実

投　打	左投左打
生年月日	1964年6月21日
出身校	専修大
出身地	広島県

守って、走るカープの伝統野球を生かす

80　一軍内野守備・走塁コーチ
やまだ　かずとし
山田　和利

投　打	右投右打
生年月日	1965年6月3日
出身校	東邦高
出身地	愛知県

リーグ優勝・日本一に向けて球団に呼ばれた

82 一軍投手コーチ
横山 竜士 (よこやま りゅうじ)

投　打	右投右打
生年月日	1976年6月11日
出身校	福井商高
出身地	福井県

コーチ歴15年の経験でカープ打線を作る

83 一軍打撃コーチ
朝山 東洋 (あさやま とうよう)

投　打	右投右打
生年月日	1976年7月29日
出身校	久留米商高
出身地	福岡県

才能豊かな投手や捕手を開花させる

84 二軍バッテリーコーチ
植田 幸弘 (うえだ ゆきひろ)

投　打	右投右打
生年月日	1964年7月27日
出身校	南部高
出身地	和歌山県

1軍に勝てる投手を送るためのキーパーソン

86 二軍投手コーチ
菊地原 毅 (きくちはら つよし)

投　打	左投左打
生年月日	1975年3月7日
出身校	相武台高
出身地	神奈川県

自身の経験から1軍投手をアシストする

87 一軍投手コーチ
澤﨑 俊和 (さわざき としかず)

投　打	右投右打
生年月日	1974年9月21日
出身校	青山学院大
出身地	千葉県

最強のチームづくりは2軍から始まる

89 二軍監督
水本 勝己 (みずもと かつみ)

投　打	右投右打
生年月日	1968年10月1日
出身校	倉敷工高
出身地	岡山県

カープの守り抜く姿勢や技術を伝授する

90 二軍内野守備・走塁コーチ
玉木 朋孝 (たまき ともたか)

投　打	右投右打
生年月日	1975年6月13日
出身校	修徳学園高
出身地	東京都

三連覇の打線をサポートした敏腕コーチ

91 一軍打撃コーチ
迎 祐一郎 (むかえ ゆういちろう)

投　打	右投右打
生年月日	1981年12月22日
出身校	伊万里商高
出身地	佐賀県

若手選手や育成選手の成長を間近で見守る

92 二軍打撃コーチ
森笠 繁 (もりかさ しげる)

投　打	右投左打
生年月日	1976年10月4日
出身校	関東学院大
出身地	神奈川県

不屈の精神で優れた外野手を育成する

93 二軍外野守備・走塁コーチ
赤松 真人 (あかまつ まさと)

投　打	右投右打
生年月日	1982年9月6日
出身校	立命館大
出身地	京都府

チームとファンをつなぐマスコット

！ マスコット
スラィリー

趣味・特技	いたずら・ダンス
生年月日	1995年7月29日
出現エリア	マツダ スタジアム周辺
出身地	？

カープぼうやを、
かっこよく　ぬってみよう!

カープ計算ドリル

難易度❶　01ゲーム

※問題の解き方は表紙のウラを見てね!!

点／18点

1 イニング	鈴木誠也 すずきせいや	+ 28 =	
2 イニング	松山竜平 まつやまりゅうへい	+ 40 =	
3 イニング	野間峻祥 のまたかよし	+ 48 =	
4 イニング	大瀬良大地 おおせらだいち	+ 6 =	
5 イニング	西川龍馬 にしかわりょうま	+ 68 =	
6 イニング	田中広輔 たなかこうすけ	+ 60 =	
7 イニング	堂林翔太 どうばやししょうた	+ 55 =	
8 イニング	安部友裕 あべともひろ	+ 14 =	
9 イニング	會澤 翼 あいざわつばさ	+ 51 =	

解けたらすごいよ！

クイズ1問　2019年8月、月間42安打と球団記録に並んだ、天才バッターは誰でしょうか？　打率.297で16本塁打。ホームランも打てるアベレージヒッターです。

10

難易度 ❶ 　 02ゲーム

※問題の解き方は表紙のウラを見てね!!

点 ／ **18**点

1 イニング	菊池涼介 きくちりょうすけ	+	59	=	
2 イニング	小園海斗 こぞのかいと	+	27	=	
3 イニング	石原慶幸 いしはらよしゆき	+	26	=	
4 イニング	K.ジョンソン	+	19	=	
5 イニング	長野久義 ちょうのひさよし	+	63	=	
6 イニング	鈴木誠也 すずきせいや	+	12	=	
7 イニング	小窪哲也 こくぼてつや	+	1	=	
8 イニング	坂倉将吾 さかくらしょうご	+	50	=	
9 イニング	正隨優弥 しょうずいゆうや	+	14	=	

解けたらすごいよ！

クイズ 1問　　答え：西川龍馬

11

※問題の解き方は表紙のウラを見てね!!

点 ／ **18**点

1 イニング	鈴木誠也 すずきせいや	+	27	=	
2 イニング	會澤 翼 あいざわ つばさ	+	2	=	
3 イニング	中田 廉 なかた れん	+	55	=	
4 イニング	野村祐輔 のむらゆうすけ	+	6	=	
5 イニング	西川龍馬 にしかわりょうま	+	47	=	
6 イニング	九里亜蓮 くりあれん	+	62	=	
7 イニング	鈴木誠也 すずきせいや	+	33	=	
8 イニング	髙橋大樹 たかはしひろき	+	67	=	
9 イニング	大瀬良大地 おおせらだいち	+	25	=	

解けたらすごいよ！

クイズ 2問

2019年は、完投6試合、3年連続の二桁勝利11勝。シーズンオフにはタレントの浅田真由さんと結婚披露宴を開いた男前のカープのエースは？

※問題の解き方は表紙のウラを見てね!!

点 ／ 18点

1 イニング	會澤 翼 （あいざわ つばさ）	+ 30 =	
2 イニング	田中広輔 （たなかこうすけ）	+ 69 =	
3 イニング	松山竜平 （まつやまりゅうへい）	+ 5 =	
4 イニング	安部友裕 （あべともひろ）	+ 63 =	
5 イニング	山口 翔 （やまぐち しょう）	+ 42 =	
6 イニング	石原慶幸 （いしはらよしゆき）	+ 33 =	
7 イニング	菊池涼介 （きくちりょうすけ）	+ 7 =	
8 イニング	中村祐太 （なかむらゆうた）	+ 27 =	
9 イニング	上本崇司 （うえもとたかし）	+ 19 =	

解けたらすごいよ！

この答えの子

クイズ 2問　　答え：大瀬良大地

13

※問題の解き方は表紙のウラを見てね!!

点 ／ 18点

1 イニング	一岡竜司 (いちおかりゅうじ)	+	24	=	
2 イニング	羽月隆太郎 (はつきりゅうたろう)	+	12	=	
3 イニング	長野久義 (ちょうのひさよし)	+	95	=	
4 イニング	西川龍馬 (にしかわりょうま)	+	12	=	
5 イニング	K.ジョンソン	+	34	=	
6 イニング	曽根海成 (そねかいせい)	+	26	=	
7 イニング	堂林翔太 (どうばやししょうた)	+	92	=	
8 イニング	會澤 翼 (あいざわ つばさ)	+	47	=	
9 イニング	野村祐輔 (のむらゆうすけ)	+	36	=	

解けたらすごいよ!

クイズ 3問

チャンスにめっぽう強く、2019年の得点圏打率.351はリーグトップ。打てるキャッチャーとして日本代表の捕手に収集。FA権を行使せずカープに残留した選手は誰でしょうか?

※問題の解き方は表紙のウラを見てね!!

点 / 18点

1 イニング	床田寛樹 (とこだひろき)	+	28	=	
2 イニング	磯村嘉孝 (いそむらよしたか)	+	34	=	
3 イニング	アドゥワ誠 (まこと)	+	26	=	
4 イニング	安部友裕 (あべともひろ)	+	33	=	
5 イニング	平岡敬人 (ひらおかたかと)	+	5	=	
6 イニング	永井敦士 (ながいあつし)	+	21	=	
7 イニング	松山竜平 (まつやまりゅうへい)	+	38	=	
8 イニング	大瀬良大地 (おおせらだいち)	+	27	=	
9 イニング	小園海斗 (こぞのかいと)	+	44	=	

解けたらすごいよ！

クイズ 3問   答え：會澤 翼

難易度 ❶　07ゲーム

※問題の解き方は表紙のウラを見てね!!

点 ／ **18**点

1 イニング	九里亜蓮	+	8	=			
2 イニング	石原慶幸	+	13	=			
3 イニング	小窪哲也	+	2	=			
4 イニング	坂倉将吾	+	26	=			
5 イニング	鈴木誠也	+	4	=			
6 イニング	中村奨成	+	9	=			
7 イニング	上本崇司	+	7	=			
8 イニング	長野久義	+	11	=			
9 イニング	曽根海成	+	31	=			

解けたらすごいよ！

クイズ 4問

2019年は6勝にとどまりましたが、実力は折り紙つき。今年は日本一に向けて二桁勝利をしてほしい、コントロール抜群の投手は誰でしょうか？

※問題の解き方は表紙のウラを見てね!!

点 ／ 18点

1 イニング	野村祐輔	+ 22 =	
2 イニング	K.ジョンソン	+ 7 =	
3 イニング	3 + 山口 翔	=	
4 イニング	野間峻祥	+ 15 =	
5 イニング	鈴木誠也	+ 16 =	
6 イニング	田中広輔	+ 24 =	
7 イニング	8 + 西川 龍馬	=	
8 イニング	大瀬良大地	+ 9 =	
9 イニング	堂林翔太	+ 6 =	

解けたらすごいよ!

クイズ4問 答え：野村祐輔

難易度 ❶　09ゲーム

※問題の解き方は表紙のウラを見てね!!

点 ／ **18**点

1 イニング	今村 猛 (いまむら たける)	+	5	=	
2 イニング	菊池涼介 (きくちりょうすけ)	+	7	=	
3 イニング	髙橋大樹 (たかはしひろき)	+	18	=	
4 イニング	會澤 翼 (あいざわ つばさ)	+	3	=	
5 イニング	11 + アドゥワ誠 (まこと)			=	
6 イニング	安部友裕 (あべともひろ)	+	1	=	
7 イニング	松山竜平 (まつやまりゅうへい)	+	23	=	
8 イニング	36 + 長野久義 (ちょうのひさよし)			=	
9 イニング	遠藤淳志 (えんどうあつし)	+	8	=	

解けたらすごいよ！ (と)

この等の子 舞

クイズ 5問

2017年のドラフト第1位でカープに入団した期待の捕手は誰でしょうか？　今年こそ、1軍デビューを果たしてほしい。

18

点 ／ **18**点

1 イニング	野間峻祥（のまたかよし）	+ 2 =	
2 イニング	12 + ケムナ誠（まこと）	=	
3 イニング	大瀬良大地（おおせらだいち）	+ 9 =	
4 イニング	鈴木誠也（すずきせいや）	+ 53 =	
5 イニング	22 + 中村祐太（なかむらゆうた）	=	
6 イニング	K.ジョンソン	+ 6 =	
7 イニング	西川龍馬（にしかわりょうま）	+ 10 =	
8 イニング	田中広輔（たなかこうすけ）	+ 38 =	
9 イニング	中﨑翔太（なかざきしょうた）	+ 7 =	

解（と）けたらすごいよ！

この答の手　舞

クイズ 5問　　答え：中村奨成

難易度 ❶　11ゲーム

※問題の解き方は表紙のウラを見てね!!

点 / **18**点

1 イニング	西川龍馬（にしかわりょうま）	+	9	=	
2 イニング	九里亜蓮（くりあれん）	+	4	=	
3 イニング	16	+	高橋昂也（たかはしこうや）	=	
4 イニング	今村猛（いまむらたける）	+	3	=	
5 イニング	23	+	菊池保則（きくちやすのり）	=	
6 イニング	薮田和樹（やぶたかずき）	+	17	=	
7 イニング	上本崇司（うえもとたかし）	+	38	=	
8 イニング	小窪哲也（こくぼてつや）	+	1	=	
9 イニング	堂林翔太（どうばやししょうた）	+	7	=	

と
解けたらすごいよ！

この答えの子 難易

クイズ 6問

カープの４番で、日本代表の４番でもある、昨年結婚した選手は誰でしょう。2019年は初の首位打者を獲得し、今季はトリプルスリーに最も近い男だよ。

※問題の解き方は表紙のウラを見てね!!

点 ／ 18点

1 イニング	メヒア	+	2	=	
2 イニング	6	+	白濱裕太 （しらはまゆうた）	=	
3 イニング	磯村嘉孝 （いそむらよしたか）	+	11	=	
4 イニング	ピレラ	+	3	=	
5 イニング	坂倉将吾 （さかくらしょうご）	+	29	=	
6 イニング	松山竜平 （まつやまりゅうへい）	+	1	=	
7 イニング	髙橋大樹 （たかはしひろき）	+	8	=	
8 イニング	13	+	林 晃汰 （はやしこうた）	=	
9 イニング	鈴木誠也 （すずきせいや）	+	34	=	

解けたら（と）すごいよ！

クイズ 6問 ｜ 答え：鈴木誠也

難易度 ❶ 13ゲーム

※問題の解き方は表紙のウラを見てね!!

点 ／ 18点

1 イニング	髙橋 大樹 (たかはしひろき)	+	6	=	
2 イニング	上本崇司 (うえもとたかし)	+	17	=	
3 イニング	5	+	島内颯太郎 (しまうちそうたろう)	=	
4 イニング	遠藤淳志 (えんどうあつし)	+	12	=	
5 イニング	鈴木誠也 (すずきせいや)	+	26	=	
6 イニング	松山竜平 (まつやまりゅうへい)	+	7	=	
7 イニング	九里亜蓮 (くりあれん)	+	31	=	
8 イニング	中村恭平 (なかむらきょうへい)	+	1	=	
9 イニング	3	+	坂倉将吾 (さかくらしょうご)	=	

解けたらすごいよ!

クイズ 7問

2019年は、24試合に先発、貴重な左腕として7勝をマークした投手は誰でしょう？　今年は二桁勝利で、カープの日本一に貢献してほしい。

22

※問題の解き方は表紙のウラを見てね!!

点 / **18**点

1 イニング	小窪哲也 (こくぼてつや)	+	28	=	
2 イニング	西川龍馬 (にしかわりょうま)	+	14	=	
3 イニング	2	+	安部友裕 (あべともひろ)	=	
4 イニング	鈴木誠也 (すずきせいや)	+	38	=	
5 イニング	床田寛樹 (とこだひろき)	+	11	=	
6 イニング	フランスア	+	4	=	
7 イニング	23	+	菊池涼介 (きくちりょうすけ)	=	
8 イニング	會澤 翼 (あいざわつばさ)	+	8	=	
9 イニング	13	+	岡田明丈 (おかだあきたけ)	=	

解けたらすごいよ!

クイズ 7問　答え：床田寛樹

難易度 ❶　　15ゲーム

※問題の解き方は表紙のウラを見てね!!

◯点 / **18**点

1 イニング	野村祐輔（のむらゆうすけ）	+	22	=	
2 イニング	39	+	上本崇司（うえもとたかし）	=	
3 イニング	大瀬良大地（おおせらだいち）	+	31	=	
4 イニング	野間峻祥（のまたかよし）	+	16	=	
5 イニング	石原慶幸（いしはらよしゆき）	+	5	=	
6 イニング	一岡竜司（いちおかりゅうじ）	+	10	=	
7 イニング	6	+	大瀬良大地（おおせらだいち）	=	
8 イニング	薮田和樹（やぶたかずき）	+	17	=	
9 イニング	ケムナ誠（まこと）	+	36	=	

解けたらすごいよ！

クイズ
8問

今年で6年目の左腕外国人投手。2017年を除いては、常に二桁勝利で、カープ三連覇に大きく貢献した沢村賞投手は誰？

24

※問題の解き方は表紙のウラを見てね!!

点 ／ 18点

1 イニング	小窪哲也（こくぼてつや）	+	15	=	
2 イニング	7	+	今村 猛（いまむらたける）	=	
3 イニング	モンティージャ	+	2	=	
4 イニング	野間峻祥（のまたかよし）	+	14	=	
5 イニング	9	+	一岡竜司（いちおかりゅうじ）	=	
6 イニング	野村祐輔（のむらゆうすけ）	+	11	=	
7 イニング	27	+	矢崎拓也（やさきたくや）	=	
8 イニング	小窪哲也（こくぼてつや）	+	8	=	
9 イニング	堂林翔太（どうばやししょうた）	+	37	=	

解けたらすごいよ！（と）

クイズ 8問

答え：K.ジョンソン

難易度❶　17ゲーム

※問題の解き方は表紙のウラを見てね!!

点／**18**点

1 イニング	メヒア	+	12	=	
2 イニング	正隨優弥	+	4	=	
3 イニング	30	+	戸田隆矢	=	
4 イニング	菊池涼介	+	18	=	
5 イニング	坂倉将吾	+	7	=	
6 イニング	田中法彦	+	36	=	
7 イニング	髙橋大樹	+	6	=	
8 イニング	25	+	野村祐輔	=	
9 イニング	鈴木誠也	+	47	=	

解けたらすごいよ！

クイズ
9問

2019年からエルドレッドが付けていた背番号55を背負い、奮闘した選手は誰でしょう。お立ち台で「鹿児島のじいちゃん、ばあちゃん、やったよー！」と叫ぶ姿を今年も見たいな。

難易度 ① 　18ゲーム

※問題の解き方は表紙のウラを見てね!!

点 ／ **18**点

1 イニング	33 ＋ 田中広輔（たなかこうすけ） ＝	
2 イニング	上本崇司（うえもとたかし） ＋ 41 ＝	
3 イニング	塹江敦哉（ほりえあつや） ＋ 4 ＝	
4 イニング	K.ジョンソン ＋ 13 ＝	
5 イニング	會澤 翼（あいざわ つばさ） ＋ 24 ＝	
6 イニング	35 ＋ 中田 廉（なかた れん） ＝	
7 イニング	スコット ＋ 28 ＝	
8 イニング	中村恭平（なかむらきょうへい） ＋ 9 ＝	
9 イニング	13 ＋ 高橋樹也（たかはしみきや） ＝	

解けたらすごいよ！

この答えの子 舞！

クイズ 9問

答え：松山竜也

27

※問題の解き方は表紙のウラを見てね!!

点 ／ 18点

1 イニング	石原慶幸 (いしはらよしゆき)	+	8	=	
2 イニング	西川龍馬 (にしかわりょうま)	+	11	=	
3 イニング	中田 廉 (なかたれん)	+	3	=	
4 イニング	16	+	菊池涼介 (きくちりょうすけ)	=	
5 イニング	薮田和樹 (やぶたかずき)	+	24	=	
6 イニング	14	+	中﨑翔太 (なかざきしょうた)	=	
7 イニング	中神拓都 (なかがみたくと)	+	26	=	
8 イニング	37	+	野村祐輔 (のむらゆうすけ)	=	
9 イニング	堂林翔太 (どうばやししょうた)	+	15	=	

解けたらすごいよ!

クイズ 10問

カープのセットアッパーの要で、2017年と2018年は年間59試合に登板。巨人から移籍して活躍し続ける選手は?今季も全力で優勝に貢献して欲しい。

※問題の解き方は表紙のウラを見てね!!

点 / **18**点

1 イニング	K.ジョンソン ＋ 1 ＝	
2 イニング	桒原 樹（くわはら たつき） ＋ 42 ＝	
3 イニング	中崎翔太（なかざきしょうた） ＋ 16 ＝	
4 イニング	7 ＋ 岡田明丈（おかだあきたけ） ＝	
5 イニング	安部友裕（あべともひろ） ＋ 19 ＝	
6 イニング	23 ＋ DJ ジョンソン ＝	
7 イニング	今村 猛（いまむら たける） ＋ 46 ＝	
8 イニング	28 ＋ 田中広輔（たなかこうすけ） ＝	
9 イニング	高橋樹也（たかはしみきや） ＋ 5 ＝	

解けたらすごいよ！

この答えの子

クイズ
10問

答え：一岡竜司

難易度 ❶　21ゲーム

※問題の解き方は表紙のウラを見てね!!

点 ／ **18**点

1 イニング	野間峻祥 （のまたかよし）	+ 18 =	
2 イニング	藤井皓哉 （ふじいこうや）	+ 31 =	
3 イニング	3 + 西川龍馬 （にしかわりょうま）	=	
4 イニング	坂倉将吾 （さかくらしょうご）	+ 12 =	
5 イニング	戸田隆矢 （とだたかや）	+ 6 =	
6 イニング	矢崎拓也 （やさきたくや）	+ 24 =	
7 イニング	36 + 中村祐太 （なかむらゆうた）	=	
8 イニング	白濱裕太 （しらはまゆうた）	+ 17 =	
9 イニング	一岡竜司 （いちおかりゅうじ）	+ 9 =	

解けたらすごいよ！

クイズ
11問

カープのエース左腕と同じ名前の新外国人ピッチャーは誰でしょう？　二人とも投手ということで、呼び方が困りますね。

30

※問題の解き方は表紙のウラを見てね!!

点 / 18点

1 イニング 遠藤淳志（えんどうあつし） + 41 = 　

2 イニング アドゥワ誠（まこと） + 15 = 　

3 イニング 松山竜平（まつやまりゅうへい） + 32 = 　

4 イニング 44 + 田中広輔（たなかこうすけ） = 　

5 イニング 岡田明丈（おかだあきたけ） + 5 = 　

6 イニング 23 + 菊池涼介（きくちりょうすけ） = 　

7 イニング 塹江敦哉（ほりえあつや） + 11 = 　

8 イニング 三好 匠（みよしたくみ） + 28 = 　

9 イニング 磯村嘉孝（いそむらよしたか） + 7 = 　

解けたらすごいよ！

クイズ 11問 答え：DJ ジョンソン

難易度 ❶　23ゲーム

※問題の解き方は表紙のウラを見てね!!

◯点 / **18**点

1 イニング	一岡竜司（いちおかりゅうじ）	+ 13	=
2 イニング	坂倉将吾（さかくらしょうご）	+ 41	=
3 イニング	長野久義（ちょうのひさよし）	+ 25	=
4 イニング	2 + 西川龍馬（にしかわりょうま）		=
5 イニング	K.ジョンソン	+ 14	=
6 イニング	47 + スコット		=
7 イニング	堂林翔太（どうばやししょうた）	+ 3	=
8 イニング	會澤 翼（あいざわ つばさ）	+ 18	=
9 イニング	21 + 野村祐輔（のむらゆうすけ）		=

解けたらすごいよ！

クイズ 12問

2019年は、実力を発揮することができず、1軍では3試合しか登板できなかった。今年は3年ぶりの二桁勝利を目指す150キロの速球が持ち味の投手は誰でしょうか？

難易度 ❶ 24ゲーム

※問題の解き方は表紙のウラを見てね!!

点 / **18**点

1 イニング	床田寛樹（とこだひろき） + 6 =		
2 イニング	磯村嘉孝（いそむらよしたか） + 24 =		
3 イニング	アドゥワ誠（まこと） + 19 =		
4 イニング	5 + 安部友裕（あべともひろ） =		
5 イニング	平岡敬人（ひらおかたかと） + 38 =		
6 イニング	菊池涼介（きくちりょうすけ） + 27 =		
7 イニング	12 + 松山竜平（まつやまりゅうへい） =		
8 イニング	大瀬良大地（おおせらだいち） + 8 =		
9 イニング	小園海斗（こぞのかいと） + 43 =		

解けたらすごいよ！

クイズ 12問   答え：岡田明丈

33

難易度❶ 25ゲーム

※問題の解き方は表紙のウラを見てね!!

点 / **18**点

1 イニング	九里亜蓮（くりあれん）	+	2	=	
2 イニング	石原慶幸（いしはらよしゆき）	+	36	=	
3 イニング	小窪哲也（こくぼてつや）	+	13	=	
4 イニング	25	+	坂倉将吾（さかくらしょうご）	=	
5 イニング	鈴木誠也（すずきせいや）	+	47	=	
6 イニング	ピレラ	+	9	=	
7 イニング	上本崇司（うえもとたかし）	+	14	=	
8 イニング	31	+	長野久義（ちょうのひさよし）	=	
9 イニング	堂林翔太（どうばやししょうた）	+	23	=	

解けたらすごいよ！

クイズ 13問

2019年に楽天イーグルスからトレードで途中加入した内野手は誰でしょう。守備固めだけではなくバッティングでも見せてくれました。

34

※問題の解き方は表紙のウラを見てね!!

点　／　18点

1 イニング	野村祐輔（のむらゆうすけ）	＋	33	＝	
2 イニング	18　＋K.ジョンソン			＝	
3 イニング	山口翔（やまぐちしょう）	＋	6	＝	
4 イニング	野間峻祥（のまたかよし）	＋	15	＝	
5 イニング	鈴木誠也（すずきせいや）	＋	38	＝	
6 イニング	19　＋DJ ジョンソン			＝	
7 イニング	西川龍馬（にしかわりょうま）	＋	7	＝	
8 イニング	大瀬良大地（おおせらだいち）	＋	11	＝	
9 イニング	堂林翔太（どうばやししょうた）	＋	34	＝	

解けたらすごいよ！

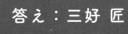

クイズ 13問　答え：三好 匠

※問題の解き方は表紙のウラを見てね!!

点 / 18点

1 イニング	今村 猛 (いまむら たける)	+	2	=	
2 イニング	21	+	菊池涼介 (きくち りょうすけ)	=	
3 イニング	高橋樹也 (たかはし みきや)	+	16	=	
4 イニング	會澤 翼 (あいざわ つばさ)	+	8	=	
5 イニング	アドゥワ誠 (まこと)	+	13	=	
6 イニング	9	+	九里亜蓮 (くり あれん)	=	
7 イニング	松山竜平 (まつやま りゅうへい)	+	20	=	
8 イニング	長野久義 (ちょうの ひさよし)	+	42	=	
9 イニング	遠藤淳志 (えんどう あつし)	+	14	=	

解けたらすごいよ!

クイズ 14問

2019年に巨人から移籍し、調子が上がらず出場機会も少なかったが、今年こそは、元首位打者の実力を発揮してもらいたい注目選手は誰でしょうか?

※問題の解き方は表紙のウラを見てね!!

点 / **18**点

1 K.ジョンソン + 7 =

2 34 + 大瀬良大地 =

3 中崎翔太 + 6 =

4 19 + 岡田明丈 =

5 安部友裕 + 5 =

6 野間峻祥 + 27 =

7 今村 猛 + 11 =

8 43 + 矢崎拓也 =

9 高橋樹也 + 29 =

解けたらすごいよ!

クイズ 14問 答え：長野久義

※問題の解き方は表紙のウラを見てね!!

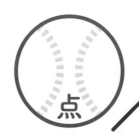

点　／　18点

1 イニング	野間峻祥(のまたかよし)	+	22	=	
2 イニング	藤井皓哉(ふじいこうや)	+	18	=	
3 イニング	3	+	菊池涼介(きくちりょうすけ)	=	
4 イニング	坂倉将吾(さかくらしょうご)	+	12	=	
5 イニング	戸田隆矢(とだたかや)	+	37	=	
6 イニング	ピレラ	+	4	=	
7 イニング	15	+	ケムナ誠(まこと)	=	
8 イニング	白濱裕太(しらはまゆうた)	+	33	=	
9 イニング	一岡竜司(いちおかりゅうじ)	+	41	=	

解(と)けたらすごいよ!

この芋の子舞台

クイズ15問

層の厚い捕手の中で、會澤 翼選手に次ぐ選手は誰でしょうか？　代打打率は.323とプレッシャーの強さを証明。今年も活躍が期待されているよ。

点 / **18**点

1 イニング	石原慶幸	＋ 7	＝	
2 イニング	29 ＋	長野久義	＝	
3 イニング	松山竜平	＋ 16	＝	
4 イニング	45 ＋	矢崎拓也	＝	
5 イニング	岡田明丈	＋ 14	＝	
6 イニング	小窪哲也	＋ 8	＝	
7 イニング	塹江敦哉	＋ 6	＝	
8 イニング	10 ＋	會澤 翼	＝	
9 イニング	磯村嘉孝	＋ 31	＝	

解けたらすごいよ！

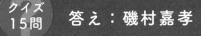

クイズ 15問　　答え：磯村嘉孝

点 / **18**点

1 イニング	上本崇司 (うえもとたかし)	+	8	=
2 イニング	中崎翔太 (なかざきしょうた)	+	22	=
3 イニング	小窪哲也 (こくぼてつや)	+	109	=
4 イニング	3000+ 薮田和樹 (やぶたかずき)			=
5 イニング	床田寛樹 (とこだひろき)	+	7	=
6 イニング	高橋昂也 (たかはしこうや)	+	9	=
7 イニング	上本崇司 (うえもとたかし)	+	14	=
8 イニング	10 + 長野久義 (ちょうのひさよし)			=
9 イニング	藤井皓哉 (ふじいこうや)	+	23	=

解けたらすごいよ！(と)

この筒の子 舞

クイズ 16問

7年連続でゴールデングラブ賞を受賞した言わずと知れた守備職人は誰？　彼がいる限り他球団のセカンドはゴールデングラブ賞を受賞できないでしょう。

40

※問題の解き方は表紙のウラを見てね!!

点　／　**18**点

1 イニング	大瀬良大地 + 18 =	
2 イニング	9 + K.ジョンソン =	
3 イニング	一岡竜司 + 78 =	
4 イニング	32 + 野間峻祥 =	
5 イニング	松山竜平 + 4 =	
6 イニング	19 + 鈴木誠也 =	
7 イニング	會澤 翼 + 4 =	
8 イニング	大瀬良大地 + 19 =	
9 イニング	64 + 西川龍馬 =	

解けたらすごいよ！

クイズ16問　答え：菊池涼介

※問題の解き方は表紙のウラを見てね!!

点 ／ **18**点

1 イニング	磯村嘉孝 （いそむらよしたか）	＋	78	＝	
2 イニング	2	＋	菊池涼介 （きくちりょうすけ）	＝	
3 イニング	小園海斗 （こぞのかいと）	＋	16	＝	
4 イニング	24	＋	會澤 翼 （あいざわつばさ）	＝	
5 イニング	野村祐輔 （のむらゆうすけ）	＋	19	＝	
6 イニング	9	＋	三好 匠 （みよしたくみ）	＝	
7 イニング	DJ ジョンソン	＋	8	＝	
8 イニング	坂倉将吾 （さかくらしょうご）	＋	13	＝	
9 イニング	菊池保則 （きくちやすのり）	＋	14	＝	

解けたらすごいよ！

この漢字の子 舞

クイズ 17問
主にサードを守り、2019年は114試合に出場した中心選手で、いい場面でホームランを打ってくれた内野手は誰でしょうか？

※問題の解き方は表紙のウラを見てね!!

点 / 18点

1 イニング	16 + 磯村嘉孝（いそむらよしたか）	=	
2 イニング	198 + 長野久義（ちょうのひさよし）	=	
3 イニング	戸田隆矢（とだたかや） + 18	=	
4 イニング	22 + 高橋昂也（たかはしこうや）	=	
5 イニング	K.ジョンソン + 5	=	
6 イニング	鈴木誠也（すずきせいや） + 27	=	
7 イニング	今村 猛（いまむらたける） + 11	=	
8 イニング	87 + 矢崎拓也（やさきたくや）	=	
9 イニング	曽根海成（そねかいせい） + 33	=	

解けたらすごいよ！

この答えの子

クイズ 問17　答え：安部友裕

※問題の解き方は表紙のウラを見てね!!

点／18点

1 イニング	鈴木誠也 （すずきせいや）	+	22	=	
2 イニング	3	+	長野久義 （ちょうのひさよし）	=	
3 イニング	67	+	菊池涼介 （きくちりょうすけ）	=	
4 イニング	坂倉将吾 （さかくらしょうご）	+	34	=	
5 イニング	中村奨成 （なかむらしょうせい）	+	37	=	
6 イニング	田中広輔 （たなかこうすけ）	+	4	=	
7 イニング	88	+	曽根海成 （そねかいせい）	=	
8 イニング	ケムナ誠 （まこと）	+	15	=	
9 イニング	三好 匠 （みよしたくみ）	+	28	=	

と
解けたらすごいよ！

クイズ
18問

三連覇の立役者、カープの守護神は誰でしょうか？　昨年は、
不調やケガがあり、本来の能力は発揮できなかったようです。
今年こそは復活を期待しよう！

※問題の解き方は表紙のウラを見てね!!

点 / 18点

1 イニング 長野久義 (ちょうのひさよし) ＋ 15 ＝

2 イニング 87 ＋ アドゥワ誠 (まこと) ＝

3 イニング スコット ＋ 77 ＝

4 イニング 107 ＋ 矢崎拓也 (やさきたくや) ＝

5 イニング ケムナ誠 (まこと) ＋ 26 ＝

6 イニング 小窪哲也 (こくぼてつや) ＋ 45 ＝

7 イニング 岡田明丈 (おかだあきたけ) ＋ 17 ＝

8 イニング 109 ＋ 會澤翼 (あいざわつばさ) ＝

9 イニング 鈴木誠也 (すずきせいや) ＋ 99 ＝

解けたらすごいよ!

この答えの子

クイズ 18問 答え：中﨑翔太

45

※問題の解き方は表紙のウラを見てね！

01ゲーム

点／18点

1 イニング	大瀬良大地（おおせらだいち）	＋ 鈴木誠也（すずきせいや）	＝
2 イニング	松山竜平（まつやまりゅうへい）	＋ 上本崇司（うえもとたかし）	＝
3 イニング	小園海斗（こぞのかいと）	＋ 野村祐輔（のむらゆうすけ）	＝
4 イニング	長野久義（ちょうのひさよし）	＋ 西川龍馬（にしかわりょうま）	＝
5 イニング	三好 匠（みよしたくみ）	＋ 菊池涼介（きくちりょうすけ）	＝
6 イニング	會澤 翼（あいざわつばさ）	＋ 田中広輔（たなかこうすけ）	＝
7 イニング	中村祐太（なかむらゆうた）	＋ 野間峻祥（のまたかよし）	＝
8 イニング	曽根海成（そねかいせい）	＋ 坂倉将吾（さかくらしょうご）	＝
9 イニング	羽月隆太郎（はつきりゅうたろう）	＋ 小窪哲也（こくぼてつや）	＝

解けたらえらい！

02ゲーム

点／18点

1 イニング	岡田明丈（おかだあきたけ）	＋ ピレラ	＝
2 イニング	一岡竜司（いちおかりゅうじ）	＋ K.ジョンソン	＝
3 イニング	田中広輔（たなかこうすけ）	＋ 正隨優弥（しょうずいゆうや）	＝
4 イニング	石原慶幸（いしはらよしゆき）	＋ 矢崎拓也（やさきたくや）	＝
5 イニング	中村祐太（なかむらゆうた）	＋ 堂林翔太（どうばやししょうた）	＝
6 イニング	スコット	＋ 安部友裕（あべともひろ）	＝
7 イニング	アドゥワ誠（まこと）	＋ 松山竜平（まつやまりゅうへい）	＝
8 イニング	鈴木誠也（すずきせいや）	＋ 遠藤淳志（えんどうあつし）	＝
9 イニング	山口 翔（やまぐちしょう）	＋ 中村奨成（なかむらしょうせい）	＝

解けたらすごいよ！

クイズ 19問

出場試合数は多くはないが、チームのムードメーカーとして欠かせない選手は誰でしょう？　俊足で守備は非常にうまくて、お兄さんは阪神タイガースにいるよ。

03ゲーム

点 ／ 18点

1 イニング	菊池涼介 + アドゥワ誠 =	
2 イニング	小園海斗 + 塹江敦哉 =	
3 イニング	磯村嘉孝 + DJ ジョンソン =	
4 イニング	上本崇司 + 中村恭平 =	
5 イニング	九里亜蓮 + 松山竜平 =	
6 イニング	會澤翼 + 正隨優弥 =	
7 イニング	西川龍馬 + 小窪哲也 =	
8 イニング	菊池涼介 + 野村祐輔 =	
9 イニング	フランスア + 三好匠 =	

解けたらえらい！

04ゲーム

点 ／ 18点

1 イニング	鈴木誠也 + 坂倉将吾 =	
2 イニング	九里亜蓮 + 高橋樹也 =	
3 イニング	石原慶幸 + 長野久義 =	
4 イニング	中神拓都 + 佐々岡真司 =	
5 イニング	中村奨成 + 菊池涼介 =	
6 イニング	髙橋大樹 + 西川龍馬 =	
7 イニング	野村祐輔 + 安部友裕 =	
8 イニング	ピレラ + 山口翔 =	
9 イニング	モンティージャ + 上本崇司 =	

解けたらすごいよ！

クイズ 19問 答え：上本崇司

47

難易度 ❷

※問題の解き方は表紙のウラを見てね！

05ゲーム

点 ／ 18点

1 イニング	今村 猛	＋	羽月隆太郎	＝
2 イニング	曽根海成	＋	フランスア	＝
3 イニング	大瀬良大地	＋	遠藤淳志	＝
4 イニング	K.ジョンソン	＋	岡田明丈	＝
5 イニング	床田寛樹	＋	野間峻祥	＝
6 イニング	小窪哲也	＋	小園海斗	＝
7 イニング	石原慶幸	＋	鈴木誠也	＝
8 イニング	堂林翔太	＋	西川龍馬	＝
9 イニング	會澤 翼	＋	今村 猛	＝

解けたらえらい！

06ゲーム

点 ／ 18点

1 イニング	菊池涼介	＋	白濱裕太	＝
2 イニング	藤井皓哉	＋	アドゥワ誠	＝
3 イニング	中﨑翔太	＋	田中広輔	＝
4 イニング	長野久義	＋	菊池保則	＝
5 イニング	野村祐輔	＋	大盛 穂	＝
6 イニング	メヒア	＋	鈴木誠也	＝
7 イニング	坂倉将吾	＋	矢崎拓也	＝
8 イニング	佐々岡真司	＋	中田 廉	＝
9 イニング	遠藤淳志	＋	堂林翔太	＝

解けたらすごいよ！

この答えの巻

クイズ20問 ホームランボールをフェンスに登りキャッチした元外野手で、今季から二軍コーチに就任した人は誰でしょう？ ガンを克服し2018年から2軍に復帰した選手だよ。

難易度 ❷

※問題の解き方は表紙のウラを見てね！

07ゲーム

点／18点

	イニング		
1	岡田明丈 おかだあきたけ	＋ 石原貴規 いしはらともき	＝
2	西川龍馬 にしかわりょうま	＋ 田中法彦 たなかのりひこ	＝
3	菊池涼介 きくちりょうすけ	＋ 高橋樹也 たかはしみきや	＝
4	一岡竜司 いちおかりゅうじ	＋ 堂林翔太 どうばやししょうた	＝
5	野間峻祥 のまたかよし	＋ 藤井皓哉 ふじいこうや	＝
6	ケムナ誠 まこと	＋ DJ ジョンソン	＝
7	松山竜平 まつやまりゅうへい	＋ 鈴木誠也 すずきせいや	＝
8	安部友裕 あべともひろ	＋ 九里亜蓮 くりあれん	＝
9	薮田和樹 やぶたかずき	＋ 島内颯太郎 しまうちそうたろう	＝

解けたらえらい！

08ゲーム

点／18点

	イニング		
1	野村祐輔 のむらゆうすけ	＋ 菜原樹 くわはらたつき	＝
2	田中広輔 たなかこうすけ	＋ K.ジョンソン	＝
3	一岡竜司 いちおかりゅうじ	＋ 鈴木誠也 すずきせいや	＝
4	小園海斗 こぞのかいと	＋ 石原慶幸 いしはらよしゆき	＝
5	高橋樹也 たかはしみきや	＋ 中村恭平 なかむらきょうへい	＝
6	大瀬良大地 おおせらだいち	＋ 白濱裕太 しらはまゆうた	＝
7	白濱裕太 しらはまゆうた	＋ 西川龍馬 にしかわりょうま	＝
8	床田寛樹 とこだひろき	＋ 長野久義 ちょうのひさよし	＝
9	菊池保則 きくちやすのり	＋ ケムナ誠 まこと	＝

解けたらすごいよ！

クイズ 20問　答え：赤松真人

09ゲーム

点 / 18点

1 イニング	メヒア	＋	堂林翔太	＝	
2 イニング	長野久義	＋	佐々岡真司	＝	
3 イニング	フランスア	＋	上本崇司	＝	
4 イニング	塹江敦哉	＋	野間峻祥	＝	
5 イニング	菊池涼介	＋	ケムナ誠	＝	
6 イニング	安部友裕	＋	戸田隆矢	＝	
7 イニング	鈴木誠也	＋	林晃汰	＝	
8 イニング	ピレラ	＋	磯村嘉孝	＝	
9 イニング	中﨑翔太	＋	高橋昂也	＝	

解けたらえらい！

10ゲーム

点 / 18点

1 イニング	三好匠	＋	アドゥワ誠	＝	
2 イニング	中村恭平	＋	栗原樹	＝	
3 イニング	K.ジョンソン	＋	石原慶幸	＝	
4 イニング	小窪哲也	＋	藤井皓哉	＝	
5 イニング	會澤翼	＋	床田寛樹	＝	
6 イニング	曽根海成	＋	松山竜平	＝	
7 イニング	島内颯太郎	＋	薮田和樹	＝	
8 イニング	九里亜蓮	＋	田中広輔	＝	
9 イニング	中村奨成	＋	坂倉将吾	＝	

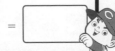

解けたらすごいよ！

この答の子 舞

クイズ 21問 大リーグのヤンキースで、黒田博樹と一緒にプレーしたことがあるという新外国人ユーティリティープレイヤーは誰でしょうか？　背番号は10番です。

※問題の解き方は表紙のウラを見てね！

11ゲーム

点 ／ 18点

1 イニング	小園海斗（こぞのかいと） ＋ 西川 龍馬（にしかわりょうま） ＝
2 イニング	長野久義（ちょうのひさよし） ＋ 永井敦士（ながいあつし） ＝
3 イニング	高橋樹也（たかはしみきや） ＋ 栗原 樹（くわはらたつき） ＝
4 イニング	中田 廉（なかたれん） ＋ 鈴木誠也（すずきせいや） ＝
5 イニング	菊池保則（きくちやすのり） ＋ 佐々岡真司（ささおかしんじ） ＝
6 イニング	野村祐輔（のむらゆうすけ） ＋ 正隨優弥（しょうずいゆうや） ＝
7 イニング	藤井皓哉（ふじいこうや） ＋ 菊池涼介（きくちりょうすけ） ＝
8 イニング	K.ジョンソン ＋ 岡田明丈（おかだあきたけ） ＝
9 イニング	大瀬良大地（おおせらだいち） ＋ 髙橋大樹（たかはしひろき） ＝

解けたらえらい！

12ゲーム

点 ／ 18点

1 イニング	松山竜平（まつやまりゅうへい） ＋ 野間峻祥（のまたかよし） ＝
2 イニング	小園海斗（こぞのかいと） ＋ 會澤 翼（あいざわつばさ） ＝
3 イニング	ケムナ誠（けむなまこと） ＋ 戸田隆矢（とだたかや） ＝
4 イニング	田中広輔（たなかこうすけ） ＋ 西川龍馬（にしかわりょうま） ＝
5 イニング	鈴木誠也（すずきせいや） ＋ 塹江敦哉（ほりえあつや） ＝
6 イニング	堂林翔太（どうばやししょうた） ＋ K.ジョンソン ＝
7 イニング	矢崎拓也（やさきたくや） ＋ 羽月隆太郎（はつきりゅうたろう） ＝
8 イニング	大瀬良大地（おおせらだいち） ＋ 高橋昂也（たかはしこうや） ＝
9 イニング	山口 翔（やまぐちしょう） ＋ 中神拓都（なかがみたくと） ＝

解けたらすごいよ！

クイズ 21問 　答え：ピレラ

難易度 ❷

※問題の解き方は表紙のウラを見てね！

13ゲーム

点／ **18**点

1 イニング	坂倉将吾 さかくらしょうご ＋ 三好 匠 みよしたくみ ＝	
2 イニング	薮田和樹 やぶたかずき ＋ 菊池涼介 きくちりょうすけ ＝	
3 イニング	小園海斗 こぞのかいと ＋ 高橋昂也 たかはしこうや ＝	
4 イニング	野間峻祥 のまたかよし ＋ 中村奨成 なかむらしょうせい ＝	
5 イニング	大盛 穂 おおもりみのる ＋ 鈴木誠也 すずきせいや ＝	
6 イニング	アドゥワ誠 まこと ＋ 中崎翔太 なかざきしょうた ＝	
7 イニング	磯村嘉孝 いそむらよしたか ＋ 大瀬良大地 おおせらだいち ＝	
8 イニング	長野久義 ちょうのひさよし ＋ 遠藤淳志 えんどうあつし ＝	
9 イニング	モンティージャ ＋ 平岡敬人 ひらおかたかと ＝	

解けたらえらい！

14ゲーム

点／ **18**点

1 イニング	曽根海成 そねかいせい ＋ 西川龍馬 にしかわりょうま ＝	
2 イニング	野間峻祥 のまたかよし ＋ 九里亜蓮 くりあれん ＝	
3 イニング	安部友裕 あべともひろ ＋ 松山竜平 まつやまりゅうへい ＝	
4 イニング	會澤 翼 あいざわつばさ ＋ 中田 廉 なかたれん ＝	
5 イニング	K.ジョンソン ＋ 堂林翔太 どうばやししょうた ＝	
6 イニング	田中法彦 たなかのりひこ ＋ 田中広輔 たなかこうすけ ＝	
7 イニング	島内颯太郎 しまうちそうたろう ＋ 石原慶幸 いしはらよしゆき ＝	
8 イニング	フランスア ＋ 鈴木誠也 すずきせいや ＝	
9 イニング	菊池涼介 きくちりょうすけ ＋ ケムナ誠 まこと ＝	

解けたらすごいよ！

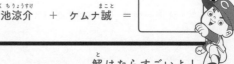

クイズ 22問 カープに入団3年目のアメリカ生まれ日本育ちの右腕。2019年9月に、初の一軍マウンドに登った投手は誰でしょうか？ 今年は一軍での活躍を見たいですね。

52

※問題の解き方は表紙のウラを見てね！

15ゲーム

 点／18点

1 イニング	まつやまりゅうへい 松山竜平 ＋ どうばやししょうた 堂林翔太 ＝	
2 イニング	おかだあきたけ 岡田明丈 ＋ たかはしみきや 高橋樹也 ＝	
3 イニング	ささおかしんじ 佐々岡真司 ＋ ながいあつし 永井敦士 ＝	
4 イニング	なかた れん 中田 廉 ＋ きくちやすのり 菊池保則 ＝	
5 イニング	にしかわりょうま 西川龍馬 ＋ くり あれん 九里亜蓮 ＝	
6 イニング	たかはしひろき 髙橋大樹 ＋ なかむらきょうへい 中村恭平 ＝	
7 イニング	なかむらしょうせい 中村奨成 ＋ メヒア ＝	
8 イニング	すずきせいや 鈴木誠也 ＋ ふじいこうや 藤井皓哉 ＝	
9 イニング	のむらゆうすけ 野村祐輔 ＋ うえもとたかし 上本崇司 ＝	

16ゲーム

 点／18点

1 イニング	なかざきしょうた 中﨑翔太 ＋ いまむら たける 今村 猛 ＝	
2 イニング	はやし こうた 林 晃汰 ＋ あいざわ つばさ 會澤翼 ＝	
3 イニング	しらはまゆうた 白濱裕太 ＋ たなかこうすけ 田中広輔 ＝	
4 イニング	K.ジョンソン ＋ のむらゆうすけ 野村祐輔 ＝	
5 イニング	うえもとたかし 上本崇司 ＋ こくぼてつや 小窪哲也 ＝	
6 イニング	こぞのかいと 小園海斗 ＋ なかた れん 中田 廉 ＝	
7 イニング	おおせらだいち 大瀬良大地 ＋ すずきせいや 鈴木誠也 ＝	
8 イニング	ほりえあつや 塹江敦哉 ＋ あいざわ つばさ 會澤翼 ＝	
9 イニング	まつやまりゅうへい 松山竜平 ＋ あ べともひろ 安部友裕 ＝	

と
解けたらえらい！

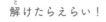

と
解けたらすごいよ！

この答えの子

クイズ
22問

答え：ケムナ誠

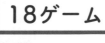

難易度 ❷

※問題の解き方は表紙のウラを見てね！

17ゲーム

点 ／ **18**点

1 イニング	薮田和樹 やぶたかずき	＋ 岡田明丈 おかだあきたけ	＝
2 イニング	中神拓都 なかがみたくと	＋ 中村恭平 なかむらきょうへい	＝
3 イニング	鈴木誠也 すずきせいや	＋ 中田 廉 なかた れん	＝
4 イニング	野村祐輔 のむらゆうすけ	＋ 矢崎拓也 やさきたくや	＝
5 イニング	ピレラ	＋ 白濱裕太 しらはまゆうた	＝
6 イニング	遠藤淳志 えんどうあつし	＋ 長野久義 ちょうのひさよし	＝
7 イニング	床田寛樹 とこだひろき	＋ K.ジョンソン	＝
8 イニング	一岡竜司 いちおかりゅうじ	＋ 今村 猛 いまむら たける	＝
9 イニング	石原慶幸 いしはらよしゆき	＋ 小窪哲也 こくぼてつや	＝

と
解けたらえらい！

18ゲーム

点 ／ **18**点

1 イニング	鈴木誠也 すずきせいや	＋ 堂林翔太 どうばやししょうた	＝
2 イニング	戸田隆矢 とだたかや	＋ 曽根海成 そ ね かいせい	＝
3 イニング	三好 匠 みよし たくみ	＋ 九里亜蓮 くり あれん	＝
4 イニング	野間峻祥 の またかよし	＋ 菊池涼介 きくちりょうすけ	＝
5 イニング	フランスア	＋ 塹江敦哉 ほりえあつや	＝
6 イニング	中﨑翔太 なかざきしょうた	＋ 坂倉将吾 さかくらしょうご	＝
7 イニング	石原慶幸 いしはらよしゆき	＋ アドゥワ誠 まこと	＝
8 イニング	松山竜平 まつやまりゅうへい	＋ 平岡敬人 ひらおかたかと	＝
9 イニング	来原 樹 くわはら たつき	＋ 岡田明丈 おかだあきたけ	＝

と
解けたらすごいよ！

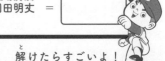

クイズ 23問

九州共立大学からドラフト2位で入団し、2019年には25試合に登板したルーキー投手は誰でしょうか？ 今季はさらなるパフォーマンスを見せてくれるでしょう。

難易度 ❷

※問題の解き方は表紙のウラを見てね！

19ゲーム

○点 / 18点

1 イニング	西川龍馬 にしかわりょうま	＋	堂林翔太 どうばやししょうた	＝	
2 イニング	薮田和樹 やぶたかずき	＋	田中広輔 たなかこうすけ	＝	
3 イニング	大瀬良大地 おおせらだいち	＋	床田寛樹 とこだひろき	＝	
4 イニング	中村恭平 なかむらきょうへい	＋	モンティージャ	＝	
5 イニング	塹江敦哉 ほりえあつや	＋	藤井黎來 ふじいれいら	＝	
6 イニング	髙橋大樹 たかはしひろき	＋	アドゥワ誠 まこと	＝	
7 イニング	羽月隆太郎 はつきりゅうたろう	＋	畝 章真 うねたかまさ	＝	
8 イニング	中村祐太 なかむらゆうた	＋	鈴木誠也 すずきせいや	＝	
9 イニング	佐々岡真司 ささおかしんじ	＋	松山竜平 まつやまりゅうへい	＝	

解けたらえらい！

20ゲーム

○点 / 18点

1 イニング	メヒア	＋	一岡竜司 いちおかりゅうじ	＝	
2 イニング	坂倉将吾 さかくらしょうご	＋	K.ジョンソン	＝	
3 イニング	小窪哲也 こくぼてつや	＋	安部友裕 あべともひろ	＝	
4 イニング	菊池涼介 きくちりょうすけ	＋	白濱裕太 しらはまゆうた	＝	
5 イニング	西川龍馬 にしかわりょうま	＋	正随優弥 しょうずいゆうや	＝	
6 イニング	塹江敦哉 ほりえあつや	＋	遠藤淳志 えんどうあつし	＝	
7 イニング	九里亜蓮 くりあれん	＋	長野久義 ちょうのひさよし	＝	
8 イニング	中神拓都 なかがみたくと	＋	中村奨成 なかむらしょうせい	＝	
9 イニング	矢崎拓也 やさきたくや	＋	堂林翔太 どうばやししょうた	＝	

解けたらすごいよ！

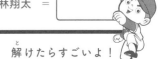

クイズ 23問 答え：島内颯太郎

21ゲーム

点／18点

1 イニング	アドゥワ誠 まこと + 薮田和樹 やぶたかずき	=
2 イニング	田中広輔 たなかこうすけ + 髙橋大樹 たかはしひろき	=
3 イニング	堂林翔太 どうばやしょうた + 鈴木誠也 すずきせいや	=
4 イニング	床田寛樹 とこだひろき + 野村祐輔 のむらゆうすけ	=
5 イニング	小園海斗 こぞのかいと + 塹江敦哉 ほりえあつや	=
6 イニング	平岡敬人 ひらおかたかと + 三好 匠 みよしたくみ	=
7 イニング	中田 廉 なかたれん + 石原慶幸 いしはらよしゆき	=
8 イニング	高橋昂也 たかはしこうや + 松山竜平 まつやまりゅうへい	=
9 イニング	曽根海成 そねかいせい + 佐々木健 ささきけん	=

22ゲーム

点／18点

1 イニング	長野久義 ちょうのひさよし + 山口 翔 やまぐちしょう	=
2 イニング	永井敦士 ながいあつし + 白濱裕太 しらはまゆうた	=
3 イニング	岡田明丈 おかだあきたけ + 田中法彦 たなかのりひこ	=
4 イニング	曽根海成 そねかいせい + 藤井皓哉 ふじいこうや	=
5 イニング	藤井皓哉 ふじいこうや + 會澤 翼 あいざわつばさ	=
6 イニング	野間峻祥 のまたかよし + 安部友裕 あべともひろ	=
7 イニング	塹江敦哉 ほりえあつや + 林 晃汰 はやしこうた	=
8 イニング	島内颯太郎 しまうちそうたろう + 中村奨成 なかむらしょうせい	=
9 イニング	フランスア + 堂林翔太 どうばやしょうた	=

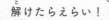
解けたらえらい！

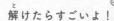
解けたらすごいよ！

クイズ 24問

2019年のドラフト1位で明治大学からカープに入団。前田健太がつけていたエースナンバーの背番号18をもらった期待のルーキーは誰でしょうか？

※問題の解き方は表紙のウラを見てね!

23ゲーム

点 / 18点

1 イニング	しらはまゆうた 白濱裕太	+	きくちりょうすけ 菊池涼介	=	
2 イニング	にしかわりょうま 西川龍馬	+	きくちやすのり 菊池保則	=	
3 イニング	あいざわ つばさ 會澤 翼	+	おかだあきたけ 岡田明丈	=	
4 イニング	DJ ジョンソン	+	こくぼてつや 小窪哲也	=	
5 イニング	なかた れん 中田 廉	+	おおもり みのる 大盛 穂	=	
6 イニング	こぞのかいと 小園海斗	+	なかむらゆうた 中村祐太	=	
7 イニング	の またかよし 野間峻祥	+	K.ジョンソン	=	
8 イニング	すずきせいや 鈴木誠也	+	ささおかしんじ 佐々岡真司	=	
9 イニング	アドゥワ誠	+	なかざきしょうた 中﨑翔太	=	

解けたらえらい!

24ゲーム

点 / 18点

1 イニング	やぶたかずき 薮田和樹	+	もちまるたいき 持丸泰輝	=	
2 イニング	のむらゆうすけ 野村祐輔	+	たなかのりひこ 田中法彦	=	
3 イニング	きくちりょうすけ 菊池涼介	+	いしはらよしゆき 石原慶幸	=	
4 イニング	すずきせいや 鈴木誠也	+	たなかこうすけ 田中広輔	=	
5 イニング	ケムナ誠 まこと	+	やさきたくや 矢崎拓也	=	
6 イニング	まつやまりゅうへい 松山竜平	+	さかくらしょうご 坂倉将吾	=	
7 イニング	たかはしこうや 高橋昂也	+	どうばやししょうた 堂林翔太	=	
8 イニング	K.ジョンソン	+	うえもとたかし 上本崇司	=	
9 イニング	アドゥワ誠 まこと	+	あ べともひろ 安部友裕	=	

解けたらすごいよ!

この答えの子 舞!

クイズ 24問 答え:森下暢仁

難易度 ❷

※問題の解き方は表紙のウラを見てね！

25ゲーム

○/18点

1 イニング	あいざわつばさ 會澤 翼 ＋ おかだあきたけ 岡田明丈 ＝	
2 イニング	ちょうのひさよし 長野久義 ＋ こくぼてつや 小窪哲也 ＝	
3 イニング	なかむらゆうた 中村祐太 ＋ すずきせいや 鈴木誠也 ＝	
4 イニング	なかたれん 中田 廉 ＋ きくちやすのり 菊池保則 ＝	
5 イニング	くりあれん 九里亜蓮 ＋ いちおかりゅうじ 一岡竜司 ＝	
6 イニング	とこだひろき 床田寛樹 ＋ なかむらしょうせい 中村奨成 ＝	
7 イニング	しらはまゆうた 白濱裕太 ＋ やまぐちしょう 山口 翔 ＝	
8 イニング	なかむらきょうへい 中村恭平 ＋ いしはらよしゆき 石原慶幸 ＝	
9 イニング	ほりえあつや 塹江敦哉 ＋ えんどうあつし 遠藤淳志 ＝	

解けたらえらい！

26ゲーム

○/18点

1 イニング	のまたかよし 野間峻祥 ＋ とこだひろき 床田寛樹 ＝	
2 イニング	きくちりょうすけ 菊池涼介 ＋ どうばやししょうた 堂林翔太 ＝	
3 イニング	たかはしこうや 高橋昂也 ＋ おおせらだいち 大瀬良大地 ＝	
4 イニング	K.ジョンソン ＋ ひらおかたかと 平岡敬人 ＝	
5 イニング	おおもりみのる 大盛 穂 ＋ なかざきしょうた 中崎翔太 ＝	
6 イニング	まつやまりゅうへい 松山竜平 ＋ メヒア ＝	
7 イニング	こくぼてつや 小窪哲也 ＋ あべともひろ 安部友裕 ＝	
8 イニング	はつきりゅうたろう 羽月隆太郎 ＋ ながいあつし 永井敦士 ＝	
9 イニング	そねかいせい 曽根海成 ＋ モンティージャ ＝	

解けたらすごいよ！

この答えの子

クイズ 25問　日本プロ野球界初の南アフリカ共和国出身選手。元メジャーリーガーでセットアッパーとして入団した、新外国人は誰でしょうか？

難易度 ❷

※問題の解き方は表紙のウラを見てね！

27ゲーム

点 / 18点

1 イニング	ケムナ誠 + 鈴木誠也 =	
2 イニング	石原慶幸 + 會澤翼 =	
3 イニング	佐々岡真司 + 菊池涼介 =	
4 イニング	遠藤淳志 + 九里亜蓮 =	
5 イニング	矢崎拓也 + 中神拓都 =	
6 イニング	松山竜平 + 坂倉将吾 =	
7 イニング	白濱裕太 + 栗原樹 =	
8 イニング	戸田隆矢 + 岡田明丈 =	
9 イニング	髙橋大樹 + 田中広輔 =	

解けたらえらい！

28ゲーム

点 / 18点

1 イニング	曽根海成 + メナ =	
2 イニング	木下元秀 + 小園海斗 =	
3 イニング	上本崇司 + 正隨優弥 =	
4 イニング	大瀬良大地 + 小窪哲也 =	
5 イニング	林晃汰 + 長野久義 =	
6 イニング	高橋樹也 + 菊池涼介 =	
7 イニング	會澤翼 + 田中広輔 =	
8 イニング	平岡敬人 + アドゥワ誠 =	
9 イニング	K.ジョンソン + 戸田隆矢 =	

解けたらすごいよ！

クイズ 25問

答え：スコット

難易度 ❷

※問題の解き方は表紙のウラを見てね!

29ゲーム

（　）点 / 18点

1 イニング	會澤 翼 あいざわつばさ + 薮田和樹 やぶたかずき =	
2 イニング	中村恭平 なかむらきょうへい + 永井敦士 ながいあつし =	
3 イニング	安部友裕 あべともひろ + 堂林翔太 どうばやししょうた =	
4 イニング	鈴木誠也 すずきせいや + 小窪哲也 こくぼてつや =	
5 イニング	モンティージャ + 床田寛樹 とこだひろき =	
6 イニング	岡田明丈 おかだあきたけ + 石原慶幸 いしはらよしゆき =	
7 イニング	磯村嘉孝 いそむらよしたか + フランスア =	
8 イニング	佐々岡真司 ささおかしんじ + ケムナ誠 まこと =	
9 イニング	遠藤淳志 えんどうあつし + 坂倉将吾 さかくらしょうご =	

解けたらえらい!

30ゲーム

（　）点 / 18点

1 イニング	野村祐輔 のむらゆうすけ + 九里亜蓮 くりあれん =	
2 イニング	小窪哲也 こくぼてつや + 野間峻祥 のまたかよし =	
3 イニング	中村奨成 なかむらしょうせい + 大瀬良大地 おおせらだいち =	
4 イニング	メヒア + 上本崇司 うえもとたかし =	
5 イニング	長野久義 ちょうのひさよし + 羽月隆太郎 はつきりゅうたろう =	
6 イニング	菊池保則 きくちやすのり + K.ジョンソン =	
7 イニング	三好 匠 みよしたくみ + 磯村嘉孝 いそむらよしたか =	
8 イニング	今村 猛 いまむらたける + 曽根海成 そねかいせい =	
9 イニング	岡田明丈 おかだあきたけ + 菊池涼介 きくちりょうすけ =	

解けたらすごいよ!

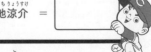
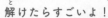

クイズ 26問 K.ジョンソン選手の女房役といえば、彼しかいません。ベテラン捕手、また球界最年長捕手は誰でしょう。カープの悲願「日本一」のためにチームを支えてほしい。

60

難易度 ②

※問題の解き方は表紙のウラを見てね！

31ゲーム

点 ／ 18点

1 イニング	石原慶幸 いしはらよしゆき	+ 安部友裕 あべともひろ	=
2 イニング	ケムナ誠 まこと	+ 薮田和樹 やぶたかずき	=
3 イニング	山口 翔 やまぐちしょう	+ 松山竜平 まつやまりゅうへい	=
4 イニング	上本崇司 うえもとたかし	+ フランスア	=
5 イニング	中村奨成 なかむらしょうせい	+ 塹江敦哉 ほりえあつや	=
6 イニング	島内颯太郎 しまうちそうたろう	+ アドゥワ誠 まこと	=
7 イニング	小園海斗 こぞのかいと	+ 中﨑翔太 なかざきしょうた	=
8 イニング	菊池涼介 きくちりょうすけ	+ 髙橋大樹 たかはしひろき	=
9 イニング	今村 猛 いまむらたける	+ 鈴木誠也 すずきせいや	=

と
解けたらえらい！

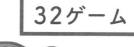

32ゲーム

点 ／ 18点

1 イニング	野間峻祥 のまたかよし	+ 小窪哲也 こくぼてつや	=
2 イニング	田中広輔 たなかこうすけ	+ 長野久義 ちょうのひさよし	=
3 イニング	野村祐輔 のむらゆうすけ	+ 遠藤淳志 えんどうあつし	=
4 イニング	正隨優弥 しょうずいゆうや	+ 西川龍馬 にしかわりょうま	=
5 イニング	林 晃汰 はやしこうた	+ 中村恭平 なかむらきょうへい	=
6 イニング	K.ジョンソン	+ 中村奨成 なかむらしょうせい	=
7 イニング	磯村嘉孝 いそむらよしたか	+ 一岡竜司 いちおかりゅうじ	=
8 イニング	中神拓都 なかがみたくと	+ 松山竜平 まつやまりゅうへい	=
9 イニング	岡田明丈 おかだあきたけ	+ 今村 猛 いまむらたける	=

と
解けたらすごいよ！

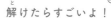

クイズ
26問

答え：石原慶幸

難易度 ❷

※問題の解き方は表紙のウラを見てね！

33ゲーム

⚾ 点／18点

イニング				
1	坂倉将吾 (さかくらしょうご)	＋	田中広輔 (たなかこうすけ)	＝
2	薮田和樹 (やぶたかずき)	＋	今村猛 (いまむらたける)	＝
3	菊池涼介 (きくちりょうすけ)	＋	一岡竜司 (いちおかりゅうじ)	＝
4	安部友裕 (あべともひろ)	＋	田中法彦 (たなかのりひこ)	＝
5	中田廉 (なかたれん)	＋	鈴木誠也 (すずきせいや)	＝
6	ケムナ誠 (まこと)	＋	スコット	＝
7	中﨑翔太 (なかざきしょうた)	＋	小園海斗 (こぞのかいと)	＝
8	中神拓都 (なかがみたくと)	＋	羽月隆太郎 (はつきりゅうたろう)	＝
9	永井敦士 (ながいあつし)	＋	長野久義 (ちょうのひさよし)	＝

と
解けたらえらい！

34ゲーム

⚾ 点／18点

イニング				
1	高橋樹也 (たかはしみきや)	＋	菊池涼介 (きくちりょうすけ)	＝
2	フランスア	＋	床田寛樹 (とこだひろき)	＝
3	石原慶幸 (いしはらよしゆき)	＋	野間峻祥 (のまたかよし)	＝
4	西川龍馬 (にしかわりょうま)	＋	中村恭平 (なかむらきょうへい)	＝
5	モンティージャ	＋	會澤翼 (あいざわつばさ)	＝
6	松山竜平 (まつやまりゅうへい)	＋	藤井皓哉 (ふじいこうや)	＝
7	高橋昂也 (たかはしこうや)	＋	薮田和樹 (やぶたかずき)	＝
8	大盛穂 (おおもりみのる)	＋	鈴木誠也 (すずきせいや)	＝
9	會澤翼 (あいざわつばさ)	＋	堂林翔太 (どうばやししょうた)	＝

と
解けたらすごいよ！

クイズ
27問

高卒ルーキーながら、田中広輔選手の代わりに2019年は58試合に出場した選手は誰でしょうか。打率は2割ほどでしたが本塁打4本とパンチ力もアピール。今年さらなる成長が期待されます。

難易度❷

※問題の解き方は表紙のウラを見てね！

35ゲーム

点 ／ 18点

1 イニング	石原慶幸 (いしはらよしゆき)	＋	坂倉将吾 (さかくらしょうご)	＝
2 イニング	九里亜蓮 (くりあれん)	＋	會澤翼 (あいざわつばさ)	＝
3 イニング	アドゥワ誠 (まこと)	＋	藤井皓哉 (ふじいこうや)	＝
4 イニング	遠藤淳志 (えんどうあつし)	＋	矢崎拓也 (やさきたくや)	＝
5 イニング	松山竜平 (まつやまりゅうへい)	＋	長野久義 (ちょうのひさよし)	＝
6 イニング	菊池保則 (きくちやすのり)	＋	佐々岡真司 (ささおかしんじ)	＝
7 イニング	田中法彦 (たなかのりひこ)	＋	中田廉 (なかたれん)	＝
8 イニング	西川龍馬 (にしかわりょうま)	＋	白濱裕太 (しらはまゆうた)	＝
9 イニング	田中広輔 (たなかこうすけ)	＋	大瀬良大地 (おおせらだいち)	＝

解けたらえらい！

36ゲーム

点 ／ 18点

1 イニング	鈴木誠也 (すずきせいや)	＋	床田寛樹 (とこだひろき)	＝
2 イニング	磯村嘉孝 (いそむらよしたか)	＋	會澤翼 (あいざわつばさ)	＝
3 イニング	小園海斗 (こぞのかいと)	＋	K.ジョンソン	＝
4 イニング	中田廉 (なかたれん)	＋	西川龍馬 (にしかわりょうま)	＝
5 イニング	松山竜平 (まつやまりゅうへい)	＋	栗原樹 (くわはらたつき)	＝
6 イニング	岡田明丈 (おかだあきたけ)	＋	薮田和樹 (やぶたかずき)	＝
7 イニング	正隨優弥 (しょうずいゆうや)	＋	大盛穂 (おおもりみのる)	＝
8 イニング	小窪哲也 (こくぼてつや)	＋	菊池涼介 (きくちりょうすけ)	＝
9 イニング	堂林翔太 (どうばやししょうた)	＋	白濱裕太 (しらはまゆうた)	＝

解けたらすごいよ！

クイズ 27問　答え：小園海斗

難易度 ❷

※問題の解き方は表紙のウラを見てね!

37ゲーム

◯点 / **18**点

1 イニング	フランスア	+ モンティージャ =	
2 イニング	會澤 翼 (あいざわつばさ)	+ 中﨑翔太 (なかざきしょうた) =	
3 イニング	田中広輔 (たなかこうすけ)	+ ケムナ誠 (まこと) =	
4 イニング	K.ジョンソン	+ 中田 廉 (なかたれん) =	
5 イニング	塹江敦哉 (ほりえあつや)	+ 白濱裕太 (しらはまゆうた) =	
6 イニング	岡田明丈 (おかだあきたけ)	+ 中村奨成 (なかむらしょうせい) =	
7 イニング	中村恭平 (なかむらきょうへい)	+ 遠藤淳志 (えんどうあつし) =	
8 イニング	羽月隆太郎 (はつきりゅうたろう)	+ 石原慶幸 (いしはらよしゆき) =	
9 イニング	メヒア	+ 松山竜平 (まつやまりゅうへい) =	

解けたらえらい!

38ゲーム

◯点 / **18**点

1 イニング	山口 翔 (やまぐちしょう)	+ 小窪哲也 (こくぼてつや) =	
2 イニング	坂倉将吾 (さかくらしょうご)	+ 安部友裕 (あべともひろ) =	
3 イニング	戸田隆矢 (とだたかや)	+ 野村祐輔 (のむらゆうすけ) =	
4 イニング	大瀬良大地 (おおせらだいち)	+ 林 晃汰 (はやしこうた) =	
5 イニング	一岡竜司 (いちおかりゅうじ)	+ 平岡敬人 (ひらおかたかと) =	
6 イニング	床田寛樹 (とこだひろき)	+ 長野久義 (ちょうのひさよし) =	
7 イニング	遠藤淳志 (えんどうあつし)	+ 野間峻祥 (のまたかよし) =	
8 イニング	ピレラ	+ 堂林翔太 (どうばやししょうた) =	
9 イニング	會澤 翼 (あいざわつばさ)	+ 今村 猛 (いまむらたける) =	

解けたらすごいよ!

クイズ 28問
ソフトバンクから2018年にカープへ来た、小柄で守備がうまいユーティリティープレイヤーは誰でしょうか? 「ポスト菊池」との呼び声もあるみたい。

64

難易度 ❷

※問題の解き方は表紙のウラを見てね！

39ゲーム

点 ／ 18点

1 イニング	磯村嘉孝 (いそむらよしたか)	+	塹江敦哉 (ほりえあつや)	=
2 イニング	中田 廉 (なかた れん)	+	曽根海成 (そ ね かいせい)	=
3 イニング	アドゥワ誠 (まこと)	+	石原慶幸 (いしはらよしゆき)	=
4 イニング	一岡竜司 (いちおかりゅうじ)	+	メヒア	=
5 イニング	髙橋大樹 (たかはしひろき)	+	九里亜蓮 (く り あれん)	=
6 イニング	西川龍馬 (にしかわりょうま)	+	白濱裕太 (しらはまゆうた)	=
7 イニング	矢崎拓也 (やさきたくや)	+	堂林翔太 (どうばやししょうた)	=
8 イニング	遠藤淳志 (えんどうあつし)	+	中村奨成 (なかむらしょうせい)	=
9 イニング	ケムナ誠 (まこと)	+	佐々岡真司 (ささおかしんじ)	=

解けたらえらい！

40ゲーム

点 ／ 18点

1 イニング	九里亜蓮 (く り あれん)	+	長野久義 (ちょうのひさよし)	=
2 イニング	鈴木誠也 (すずきせいや)	+	松山竜平 (まつやまりゅうへい)	=
3 イニング	正随優弥 (しょうずいゆうや)	+	大瀬良大地 (おおせらだいち)	=
4 イニング	小窪哲也 (こくぼてつや)	+	田中広輔 (たなかこうすけ)	=
5 イニング	菊池涼介 (きくちりょうすけ)	+	菊池保則 (きくちやすのり)	=
6 イニング	會澤 翼 (あいざわ つばさ)	+	一岡竜司 (いちおかりゅうじ)	=
7 イニング	中村恭平 (なかむらきょうへい)	+	島内颯太郎 (しまうちそうたろう)	=
8 イニング	永井敦士 (ながいあつし)	+	坂倉将吾 (さかくらしょうご)	=
9 イニング	K.ジョンソン	+	白濱裕太 (しらはまゆうた)	=

解けたらすごいよ！

クイズ 28問　答え：曽根海成

難易度 ②

※問題の解き方は表紙のウラを見てね！

41ゲーム

点／18点

1 イニング	あいざわ つばさ 會澤 翼	＋ とこだ ひろき 床田寛樹	＝
2 イニング	フランスア	＋ こぞの かいと 小園海斗	＝
3 イニング	まつやま りゅうへい 松山竜平	＋ しらはま ゆうた 白濱裕太	＝
4 イニング	ほりえ あつや 堀江敦哉	＋ にしかわ りょうま 西川龍馬	＝
5 イニング	おかだ あきたけ 岡田明丈	＋ なかむら ゆうた 中村祐太	＝
6 イニング	そね かいせい 曽根海成	＋ えんどう あつし 遠藤淳志	＝
7 イニング	いまむら たける 今村 猛	＋ の ま たかよし 野間峻祥	＝
8 イニング	なかがみ たくと 中神拓都	＋ なかざき しょうた 中﨑翔太	＝
9 イニング	スコット	＋ のむら ゆうすけ 野村祐輔	＝

解けたらえらい！

42ゲーム

点／18点

1 イニング	やまぐち しょう 山口 翔	＋ いそむら よしたか 磯村嘉孝	＝
2 イニング	くわはら たつき 栗原 樹	＋ まつやま りゅうへい 松山竜平	＝
3 イニング	にしかわ りょうま 西川龍馬	＋ きくち りょうすけ 菊池涼介	＝
4 イニング	いちおか りゅうじ 一岡竜司	＋ く り あれん 九里亜蓮	＝
5 イニング	のむら ゆうすけ 野村祐輔	＋ K.ジョンソン	＝
6 イニング	こくぼ てつや 小窪哲也	＋ たかはし みきや 高橋樹也	＝
7 イニング	なかた れん 中田 廉	＋ やぶた かずき 薮田和樹	＝
8 イニング	おおもり みのる 大盛 穂	＋ おおせら だいち 大瀬良大地	＝
9 イニング	すずき せいや 鈴木誠也	＋ の ま たかよし 野間峻祥	＝

解けたらすごいよ！

この答えのこ

クイズ 29問

ポーカーフェイスで投げ続ける姿が印象的なセットアッパーは誰でしょう。昨年はシーズン途中から一軍に昇格したカピバラ三兄弟の長男だよ。

66

難易度 ❷

※問題の解き方は表紙のウラを見てね！

43ゲーム

点 ／ 18点

	イニング		
1	鈴木誠也（すずきせいや）	＋ 高橋昂也（たかはしこうや）	＝
2	石原慶幸（いしはらよしゆき）	＋ 坂倉将吾（さかくらしょうご）	＝
3	メヒア	＋ 菊池涼介（きくちりょうすけ）	＝
4	永井敦士（ながいあつし）	＋ 小窪哲也（こくぼてつや）	＝
5	今村 猛（いまむらたける）	＋ 松山竜平（まつやまりゅうへい）	＝
6	安部友裕（あべともひろ）	＋ 中﨑翔太（なかざきしょうた）	＝
7	塹江敦哉（ほりえあつや）	＋ 田中法彦（たなかのりひこ）	＝
8	中村奨成（なかむらしょうせい）	＋ 藤井皓哉（ふじいこうや）	＝
9	岡田明丈（おかだあきたけ）	＋ 今村 猛（いまむらたける）	＝

解けたらえらい！

44ゲーム

点 ／ 18点

	イニング		
1	山口 翔（やまぐちしょう）	＋ 野村祐輔（のむらゆうすけ）	＝
2	髙橋大樹（たかはしひろき）	＋ 大瀬良大地（おおせらだいち）	＝
3	九里亜蓮（くりあれん）	＋ 鈴木誠也（すずきせいや）	＝
4	フランスア	＋ 野間峻祥（のまたかよし）	＝
5	中﨑翔太（なかざきしょうた）	＋ 中村祐太（なかむらゆうた）	＝
6	ピレラ	＋ 正随優弥（しょうずいゆうや）	＝
7	會澤 翼（あいざわつばさ）	＋ 西川龍馬（にしかわりょうま）	＝
8	中田 廉（なかたれん）	＋ K.ジョンソン	＝
9	磯村嘉孝（いそむらよしたか）	＋ 堂林翔太（どうばやししょうた）	＝

解けたらすごいよ！

クイズ 29問　答え：今村 猛

難易度 ❷

※問題の解き方は表紙のウラを見てね！

45ゲーム

点 / 18点

1 イニング	高橋大樹 たかはしひろき	＋	會澤 翼 あいざわつばさ	＝	
2 イニング	菊池保則 きくちやすのり	＋	小園海斗 こぞのかいと	＝	
3 イニング	佐々岡真司 ささおかしんじ	＋	小窪哲也 こくぼてつや	＝	
4 イニング	中﨑翔太 なかざきしょうた	＋	石原慶幸 いしはらよしゆき	＝	
5 イニング	メヒア	＋	戸田隆矢 とだたかや	＝	
6 イニング	安部友裕 あべともひろ	＋	長野久義 ちょうのひさよし	＝	
7 イニング	岡田明丈 おかだあきたけ	＋	アドゥワ誠 まこと	＝	
8 イニング	モンティージャ	＋	鈴木誠也 すずきせいや	＝	
9 イニング	白濱裕太 しらはまゆうた	＋	田中広輔 たなかこうすけ	＝	

解けたらえらい！

46ゲーム

点 / 18点

1 イニング	石原慶幸 いしはらよしゆき	＋	高橋昂也 たかはしこうや	＝	
2 イニング	磯村嘉孝 いそむらよしたか	＋	ケムナ誠 まこと	＝	
3 イニング	薮田和樹 やぶたかずき	＋	林 晃汰 はやしこうた	＝	
4 イニング	坂倉将吾 さかくらしょうご	＋	會澤 翼 あいざわつばさ	＝	
5 イニング	戸田隆矢 とだたかや	＋	一岡竜司 いちおかりゅうじ	＝	
6 イニング	高橋樹也 たかはしみきや	＋	今村 猛 いまむらたける	＝	
7 イニング	平岡敬人 ひらおかたかと	＋	羽月隆太郎 はつきりゅうたろう	＝	
8 イニング	中田 廉 なかたれん	＋	鈴木誠也 すずきせいや	＝	
9 イニング	野間峻祥 のまたかよし	＋	安部友裕 あべともひろ	＝	

解けたらすごいよ！

クイズ 30問 2019年はプロ3年目にして初ホームランを記録。天才的な打撃センスを持った捕手だけど、昨年の出場は外野が多かった若きスラッガーは誰でしょうか？

難易度 ❷

※問題の解き方は表紙のウラを見てね！

47ゲーム

点 ／ 18点

1 イニング	堂林翔太 + 一岡竜司 =
2 イニング	九里亜蓮 + 高橋昂也 =
3 イニング	薮田和樹 + 塹江敦哉 =
4 イニング	K.ジョンソン + 中村恭平 =
5 イニング	山口翔 + 戸田隆矢 =
6 イニング	鈴木誠也 + 野村祐輔 =
7 イニング	石原慶幸 + 床田寛樹 =
8 イニング	髙橋大樹 + 會澤翼 =
9 イニング	三好匠 + アドゥワ誠 =

解けたらえらい！

48ゲーム

点 ／ 18点

1 イニング	西川龍馬 + 塹江敦哉 =
2 イニング	九里亜蓮 + 菊池涼介 =
3 イニング	大瀬良大地 + 磯村嘉孝 =
4 イニング	メヒア + 菊池保則 =
5 イニング	坂倉将吾 + 白濱裕太 =
6 イニング	小窪哲也 + 野間峻祥 =
7 イニング	小園海斗 + DJジョンソン =
8 イニング	薮田和樹 + 中﨑翔太 =
9 イニング	松山竜平 + 今村猛 =

解けたらすごいよ！

クイズ 30問　答え：坂倉将吾

難易度 ②

※問題の解き方は表紙のウラを見てね!

49ゲーム

点 ／ 18点

1 イニング	岡田明丈 (おかだあきたけ) + 床田寛樹 (とこだひろき) =
2 イニング	上本崇司 (うえもとたかし) + ケムナ誠 (まこと) =
3 イニング	今村猛 (いまむらたける) + 戸田隆矢 (とだたかや) =
4 イニング	林晃汰 (はやしこうた) + 島内颯太郎 (しまうちそうたろう) =
5 イニング	田中広輔 (たなかこうすけ) + 石原慶幸 (いしはらよしゆき) =
6 イニング	菊池涼介 (きくちりょうすけ) + 磯村嘉孝 (いそむらよしたか) =
7 イニング	磯村嘉孝 (いそむらよしたか) + 鈴木誠也 (すずきせいや) =
8 イニング	K.ジョンソン + 塹江敦哉 (ほりえあつや) =
9 イニング	大盛穂 (おおもりみのる) + 野間峻祥 (のまたかよし) =

解けたらえらい!

50ゲーム

点 ／ 18点

1 イニング	正隨優弥 (しょうずいゆうや) + 上本崇司 (うえもとたかし) =
2 イニング	安部友裕 (あべともひろ) + 中村恭平 (なかむらきょうへい) =
3 イニング	野村祐輔 (のむらゆうすけ) + 永井敦士 (ながいあつし) =
4 イニング	メヒア + 中田廉 (なかたれん) =
5 イニング	藤井皓哉 (ふじいこうや) + 會澤翼 (あいざわつばさ) =
6 イニング	中村祐太 (なかむらゆうた) + 中崎翔太 (なかざきしょうた) =
7 イニング	松山竜平 (まつやまりゅうへい) + 長野久義 (ちょうのひさよし) =
8 イニング	遠藤淳志 (えんどうあつし) + 菊池涼介 (きくちりょうすけ) =
9 イニング	岡田明丈 (おかだあきたけ) + 坂倉将吾 (さかくらしょうご) =

解けたらすごいよ!

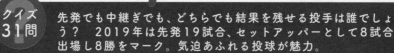

クイズ 31問 先発でも中継ぎでも、どちらでも結果を残せる投手は誰でしょう? 2019年は先発19試合、セットアッパーとして8試合出場し8勝をマーク。気迫あふれる投球が魅力。

70

※問題の解き方は表紙のウラを見てね！

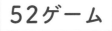

51ゲーム

（）点 ／ **18**点

1	にしかわりょうま 西川龍馬	＋	いそむらよしたか 磯村嘉孝	＝	
イニング					

2	たかはしひろき 髙橋大樹	＋	きくちりょうすけ 菊池涼介	＝	
イニング					

3	すずきせいや 鈴木誠也	＋	たなかこうすけ 田中広輔	＝	
イニング					

4	いそむらよしたか 磯村嘉孝	＋	とこだひろき 床田寛樹	＝	
イニング					

5	なかがみたくと 中神拓都	＋	なかむらゆうた 中村祐太	＝	
イニング					

6	あいざわつばさ 會澤翼	＋	スコット	＝	
イニング					

7	なかざきしょうた 中﨑翔太	＋	たなかのりひこ 田中法彦	＝	
イニング					

8	あべともひろ 安部友裕	＋	きくちやすのり 菊池保則	＝	
イニング					

9	モンティージャ	＋	くりあれん 九里亜蓮	＝	
イニング					

解けたらえらい！

52ゲーム

（）点 ／ **18**点

1	さかくらしょうご 坂倉将吾	＋	おおせらだいち 大瀬良大地	＝	
イニング					

2	たかはしひろき 髙橋大樹	＋	こぞのかいと 小園海斗	＝	
イニング					

3	ほりえあつや 塹江敦哉	＋	しょうずいゆうや 正隨優弥	＝	
イニング					

4	ひらおかたかと 平岡敬人	＋	にしかわりょうま 西川龍馬	＝	
イニング					

5	DJジョンソン	＋	K.ジョンソン	＝	
イニング					

6	いちおかりゅうじ 一岡竜司	＋	くわはらたつき 菜原樹	＝	
イニング					

7	やまぐちしょう 山口翔	＋	たかはしこうや 高橋昂也	＝	
イニング					

8	たかはしみきや 高橋樹也	＋	フランスア	＝	
イニング					

9	しまうちそうたろう 島内颯太郎	＋	にしかわりょうま 西川龍馬	＝	
イニング					

解けたらすごいよ！

 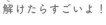

クイズ **31**問　答え：九里亜蓮

難易度 ❸

※問題の解き方は表紙のウラを見てね！

01ゲーム

点／**18**点

1 イニング	田中広輔 ＋ 遠藤淳志	＝
2 イニング	岡田明丈 ＋ 野村祐輔	＝
3 イニング	東出輝裕 － 中田廉	＝
4 イニング	長野久義 ＋ 鈴木誠也	＝
5 イニング	三好匠 － 九里亜蓮	＝
6 イニング	ピレラ ＋ 今村猛	＝
7 イニング	菊池涼介 － 安部友裕	＝
8 イニング	廣瀬純 － 今村猛	＝
9 イニング	野村祐輔 ＋ 松山竜平	＝

解けたらえらい！

02ゲーム

点／**18**点

1 イニング	田中広輔 ＋ 大瀬良大地	＝
2 イニング	一岡竜司 － 中田廉	＝
3 イニング	中﨑翔太 ＋ K.ジョンソン	＝
4 イニング	菊地原毅 － 菊池涼介	＝
5 イニング	大瀬良大地 ＋ 小窪哲也	＝
6 イニング	畝章真 － 白濱裕太	＝
7 イニング	鈴木誠也 ＋ 九里亜蓮	＝
8 イニング	會澤翼 ＋ 安部友裕	＝
9 イニング	松山竜平 ＋ 大瀬良大地	＝

解けたらすごいよ！

クイズ 32問 2019年に楽天イーグルスからカープに入団。58試合に登板したセットアッパー。今季から背番号が「39」になった投手は誰でしょうか？

72

難易度 ❸

※問題の解き方は表紙のウラを見てね！

03ゲーム

点 ／ 18点

1 イニング	すずきせいや 鈴木誠也 + よこやまりゅうじ 横山竜士 =
2 イニング	こばやしかんえい 小林幹英 − えんどうあつし 遠藤淳志 =
3 イニング	にしかわりょうま 西川龍馬 + きくちりょうすけ 菊池涼介 =
4 イニング	のまたかよし 野間峻祥 − いしはらよしゆき 石原慶幸 =
5 イニング	いちおかりゅうじ 一岡竜司 + むかえゆういちろう 迎 祐一郎 =
6 イニング	K.ジョンソン + そねかいせい 曽根海成 =
7 イニング	いしはらよしゆき 石原慶幸 − ちょうのひさよし 長野久義 =
8 イニング	たまきともたか 玉木朋孝 + たなかこうすけ 田中広輔 =
9 イニング	くりあれん 九里亜蓮 + きくちやすのり 菊池保則 =

解けたらえらい！

04ゲーム

点 ／ 18点

1 イニング	きくちりょうすけ 菊池涼介 + いそむらよしたか 磯村嘉孝 =
2 イニング	なかむらきょうへい 中村恭平 − にしかわりょうま 西川龍馬 =
3 イニング	あさやまとうよう 朝山東洋 − いまむらたける 今村 猛 =
4 イニング	フランスア + すずきせいや 鈴木誠也 =
5 イニング	ふじいれいら 藤井黎來 − さかくらしょうご 坂倉将吾 =
6 イニング	たなかこうすけ 田中広輔 + いしはらよしゆき 石原慶幸 =
7 イニング	くりあれん 九里亜蓮 − あべともひろ 安部友裕 =
8 イニング	いちおかりゅうじ 一岡竜司 + ちょうのひさよし 長野久義 =
9 イニング	DJジョンソン + ちょうのひさよし 長野久義 =

解けたらすごいよ！

この答えの子

クイズ
32問

答え：菊池保則

73

※問題の解き方は表紙のウラを見てね!

05ゲーム

点 / 18点

1 イニング 大瀬良大地 + K.ジョンソン =

2 イニング 床田寛樹 + 薮田和樹 =

3 イニング 菊池涼介 − 田中広輔 =

4 イニング 中村奨成 + 白濱裕太 =

5 イニング 岡田明丈 + 大瀬良大地 =

6 イニング モンティージャ − 三好匠 =

7 イニング 佐々岡真司 + 長野久義 =

8 イニング 正隨優弥 + 九里亜蓮 =

9 イニング メヒア − 藤井皓哉 =

06ゲーム

点 / 18点

1 イニング 佐々木健 − 高橋大樹 =

2 イニング 岡田明丈 + 會澤翼 =

3 イニング 永川勝浩 − 九里亜蓮 =

4 イニング 東出輝裕 + 安部友裕 =

5 イニング 鈴木誠也 + 中﨑翔太 =

6 イニング 中村奨成 + 安部友裕 =

7 イニング 高信二 − 會澤翼 =

8 イニング モンティージャ − 遠藤淳志 =

9 イニング 野村祐輔 + K.ジョンソン =

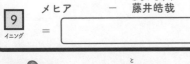

解けたらえらい!

解けたらすごいよ!

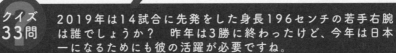

クイズ 33問 2019年は14試合に先発をした身長196センチの若手右腕は誰でしょうか? 昨年は3勝に終わったけど、今年は日本一になるためにも彼の活躍が必要ですね。

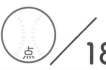

07ゲーム

08ゲーム

点 ／ 18点　　　　　点 ／ 18点

07ゲーム

1 イニング
あべともひろ　　どうばやししょうた
安部友裕　＋　堂林翔太
＝

2 イニング
あかまつまさと　　ほりえあつや
赤松真人　－　塹江敦哉
＝

3 イニング
ちょうのひさよし　　どうばやししょうた
長野久義　＋　堂林翔太
＝

4 イニング
こくぼてつや　　おかだあきたけ
小窪哲也　＋　岡田明丈
＝

5 イニング
きくちやすのり　　どうばやししょうた
菊池保則　＋　堂林翔太
＝

6 イニング
やさきたくや　　おおせらだいち
矢崎拓也　＋　大瀬良大地
＝

7 イニング
さかくらしょうご　　いしはらよしゆき
坂倉将吾　－　石原慶幸
＝

8 イニング
すずきせいや　　ささおかしんじ
鈴木誠也　＋　佐々岡真司
＝

9 イニング
ちょうのひさよし　　なかざきしょうた
長野久義　＋　中崎翔太
＝

08ゲーム

1 イニング
なかたれん　　なかむらしょうせい
中田廉　－　中村奨成
＝

2 イニング
すずきせいや　　えんどうあつし
鈴木誠也　＋　遠藤淳志
＝

3 イニング
あさやまとうよう　　なかむらきょうへい
朝山東洋　－　中村恭平
＝

4 イニング
おおせらだいち　　たかはしこうや
大瀬良大地　＋　高橋昂也
＝

5 イニング
メヒア　－　DJ ジョンソン
＝

6 イニング
あいざわつばさ　　いしはらよしゆき
會澤翼　＋　石原慶幸
＝

7 イニング
のまたかよし　　いちおかりゅうじ
野間峻祥　＋　一岡竜司
＝

8 イニング
あべともひろ　　しょうずいゆうや
安部友裕　＋　正隨優弥
＝

9 イニング
すずきせいや　　ながいあつし
鈴木誠也　＋　永井敦士
＝

と
解けたらえらい！

と
解けたらすごいよ！

この答えの子

クイズ
33問

答え：アドゥワ誠

75

09ゲーム

◯ 点 ／ 18点

1 イニング
のむらゆうすけ 野村祐輔 ＋ にしかわりょうま 西川龍馬 =

2 イニング
ひろせ じゅん 廣瀬 純 − しらはまゆうた 白濱裕太 =

3 イニング
ふじい こうや 藤井皓哉 ＋ まつやまりゅうへい 松山竜平 =

4 イニング
メヒア − まつやまりゅうへい 松山竜平 =

5 イニング
まつやまりゅうへい 松山竜平 ＋ ちょうのひさよし 長野久義 =

6 イニング
フランスア − はつきりゅうたろう 羽月隆太郎 =

7 イニング
たなかこうすけ 田中広輔 ＋ まこと ケムナ誠 =

8 イニング
なかむらゆうた 中村祐太 ＋ なかざきしょうた 中崎翔太 =

9 イニング
まつやまりゅうへい 松山竜平 − こくぼてつや 小窪哲也 =

10ゲーム

◯ 点 ／ 18点

1 イニング
しょうずいゆうや 正随優弥 ＋ うえもとたかし 上本崇司 =

2 イニング
あいざわ つばさ 會澤 翼 ＋ まこと ケムナ誠 =

3 イニング
く りあれん 九里亜蓮 ＋ いちおかりゅうじ 一岡竜司 =

4 イニング
とこだひろき 床田寛樹 − なかむらしょうせい 中村奨成 =

5 イニング
すずきせいや 鈴木誠也 ＋ こくぼてつや 小窪哲也 =

6 イニング
いそむらよしたか 磯村嘉孝 ＋ とこだひろき 床田寛樹 =

7 イニング
もちまるたいき 持丸泰輝 − ささ きけん 佐々木健 =

8 イニング
やぶたかずき 薮田和樹 − いまむら たける 今村 猛 =

9 イニング
たなかこうすけ 田中広輔 ＋ おかだあきたけ 岡田明丈 =

解けたらえらい！　　　　　　　解けたらすごいよ！

クイズ **34問** センターで堅守を見せるチーム内でも屈指の俊足選手は誰でしょう。今年は、西川龍馬選手とセンターを争うのかな……。

難易度 ❸

※問題の解き方は表紙のウラを見てね！

11ゲーム

点 / 18点

1 イニング	やまぐち しょう 山口 翔 ＋ あいざわ つばさ 會澤 翼 =
2 イニング	なかざきしょうた 中﨑翔太 ＋ くり あれん 九里亜蓮 =
3 イニング	さかくらしょうご 坂倉将吾 ＋ たなかこうすけ 田中広輔 =
4 イニング	なかむらきょうへい 中村恭平 － まこと アドゥワ誠 =
5 イニング	の ま たかよし 野間峻祥 ＋ あ べ ともひろ 安部友裕 =
6 イニング	いしはらよしゆき 石原慶幸 ＋ とこだひろき 床田寛樹 =
7 イニング	おかだあきたけ 岡田明丈 － やさきたくや 矢崎拓也 =
8 イニング	くり あれん 九里亜蓮 ＋ たかはしこうや 高橋昂也 =
9 イニング	どうばやししょうた 堂林翔太 ＋ いちおかりゅうじ 一岡竜司 =

12ゲーム

点 / 18点

1 イニング	うえもとたかし 上本崇司 ＋ まこと ケムナ誠 =
2 イニング	やぶたかずき 薮田和樹 ＋ なかざきしょうた 中﨑翔太 =
3 イニング	たかはしこうや 高橋昂也 － とこだひろき 床田寛樹 =
4 イニング	みよし たくみ 三好 匠 ＋ どうばやししょうた 堂林翔太 =
5 イニング	いまむら たける 今村 猛 ＋ と だ たかや 戸田隆矢 =
6 イニング	おかだあきたけ 岡田明丈 ＋ たなかこうすけ 田中広輔 =
7 イニング	ピレラ ＋ たかはしひろき 髙橋大樹 =
8 イニング	きくちりょうすけ 菊池涼介 ＋ いそむらよしたか 磯村嘉孝 =
9 イニング	いそむらよしたか 磯村嘉孝 ＋ すずきせいや 鈴木誠也 =

と
解けたらえらい！

と
解けたらすごいよ！

クイズ
34問

答え：野間峻祥

※問題の解き方は表紙のウラを見てね！

13ゲーム

点／18点

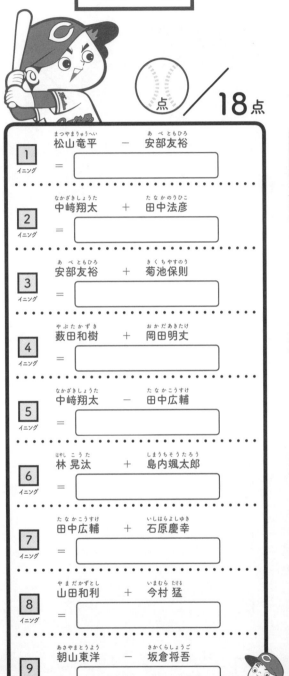

1 イニング
まつやまりゅうへい　　　　あべともひろ
松山竜平　－　安部友裕
＝

2 イニング
なかざきしょうた　　　たなかのりひこ
中﨑翔太　＋　田中法彦
＝

3 イニング
あべともひろ　　　きくちやすのり
安部友裕　＋　菊池保則
＝

4 イニング
やぶたかずき　　　おかだあきたけ
薮田和樹　＋　岡田明丈
＝

5 イニング
なかざきしょうた　　　たなかこうすけ
中﨑翔太　－　田中広輔
＝

6 イニング
はやしこうた　　　しまうちそうたろう
林晃汰　＋　島内颯太郎
＝

7 イニング
たなかこうすけ　　　いしはらよしゆき
田中広輔　＋　石原慶幸
＝

8 イニング
やまだかずとし　　　いまむらたける
山田和利　＋　今村猛
＝

9 イニング
あさやまとうよう　　　さかくらしょうご
朝山東洋　－　坂倉将吾
＝

14ゲーム

点／18点

1 イニング
おかだあきたけ　　　おおせらだいち
岡田明丈　＋　大瀬良大地
＝

2 イニング
ひらおかたかと　　　うえもとたかし
平岡敬人　－　上本崇司
＝

3 イニング
こくぼてつや　　　みずもとかつみ
小窪哲也　＋　水本勝己
＝

4 イニング
おおせらだいち　　　どうばやししょうた
大瀬良大地　－　堂林翔太
＝

5 イニング
えんどうあつし　　　すずきせいや
遠藤淳志　＋　鈴木誠也
＝

6 イニング
きくちりょうすけ　　　やまぐちしょう
菊池涼介　＋　山口翔
＝

7 イニング
きのしたもとひで　　　にしかわりょうま
木下元秀　－　西川龍馬
＝

8 イニング
まこと　　　おおせらだいち
ケムナ誠　＋　大瀬良大地
＝

9 イニング
なかがみたくと
K.ジョンソン　＋　中神拓都
＝

と
解けたらえらい！

と
解けたらすごいよ！

クイズ
35問

満塁などのピンチの場面で登板し、チームを救う投球を見せていた右腕セットアッパーは誰でしょうか？2019年は不調で、今季の復活を祈っています。

難易度 ❸

※問題の解き方は表紙のウラを見てね！

15ゲーム

点 / 18点

1 イニング	宇草孔基 ＋ 薮田和樹 =	
2 イニング	上本崇司 ＋ フランスア =	
3 イニング	田中広輔 ＋ 正隨優弥 =	
4 イニング	鈴木誠也 ＋ 今村猛 =	
5 イニング	モンティージャ － 中神拓都 =	
6 イニング	迎祐一郎 ＋ 安部友裕 =	
7 イニング	野村祐輔 ＋ 磯村嘉孝 =	
8 イニング	會澤翼 ＋ 床田寛樹 =	
9 イニング	佐々岡真司 － 藤井皓哉 =	

解けたらえらい！

16ゲーム

点 / 18点

1 イニング	小窪哲也 ＋ K.ジョンソン =	
2 イニング	安部友裕 ＋ 會澤翼 =	
3 イニング	松山竜平 ＋ 田中広輔 =	
4 イニング	メヒア － 中村恭平 =	
5 イニング	床田寛樹 ＋ 赤松真人 =	
6 イニング	菊池保則 － 長野久義 =	
7 イニング	小園海斗 ＋ 中崎翔太 =	
8 イニング	一岡竜司 ＋ 菊池涼介 =	
9 イニング	横山竜士 － 中村恭平 =	

解けたらすごいよ！

クイズ 35問　答え：中田 廉

※問題の解き方は表紙のウラを見てね!

17ゲーム

点 / 18点

1 イニング	岡田明丈 (おかだあきたけ) + 田中広輔 (たなかこうすけ) =	
2 イニング	會澤 翼 (あいざわつばさ) + 塹江敦哉 (ほりえあつや) =	
3 イニング	廣瀬 純 (ひろせじゅん) − 曽根海成 (そねかいせい) =	
4 イニング	倉 義和 (くらよしかず) − 永井敦士 (ながいあつし) =	
5 イニング	會澤 翼 (あいざわつばさ) + K.ジョンソン =	
6 イニング	スコット − 一岡竜司 (いちおかりゅうじ) =	
7 イニング	野村祐輔 (のむらゆうすけ) + 九里亜蓮 (くりあれん) =	
8 イニング	植田幸弘 (うえだゆきひろ) − 磯村嘉孝 (いそむらよしたか) =	
9 イニング	鈴木誠也 (すずきせいや) + 栗原 樹 (くわはらたつき) =	

解けたらえらい!

18ゲーム

点 / 18点

1 イニング	薮田和樹 (やぶたかずき) + 曽根海成 (そねかいせい) =	
2 イニング	メヒア − スコット =	
3 イニング	安部友裕 (あべともひろ) + 菊池保則 (きくちやすのり) =	
4 イニング	遠藤淳志 (えんどうあつし) − 長野久義 (ちょうのひさよし) =	
5 イニング	白濱裕太 (しらはまゆうた) + 鈴木誠也 (すずきせいや) =	
6 イニング	K.ジョンソン + 中村奨成 (なかむらしょうせい) =	
7 イニング	玉木朋孝 (たまきともたか) − 松山竜平 (まつやまりゅうへい) =	
8 イニング	中村祐太 (なかむらゆうた) + 中﨑翔太 (なかざきしょうた) =	
9 イニング	岡田明丈 (おかだあきたけ) + 永川勝浩 (ながかわかつひろ) =	

解けたらすごいよ!

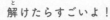

クイズ 36問

2019年、これまで4年以上続いた連続試合出場記録が途絶えたショートストッパーは誰でしょうか。今年は選手会長に就任し、復活した姿が見たいですね。

※問題の解き方は表紙のウラを見てね！

19ゲーム

点 / 18点

1
イニング
まつやまりゅうへい 松山竜平 ＋ ほりえあつや 塹江敦哉
＝

2
イニング
やぶたかずき 薮田和樹 － そねかいせい 曽根海成
＝

3
イニング
フランスア － ケムナ まこと 誠
＝

4
イニング
アドゥワ まこと 誠 － あ べ ともひろ 安部友裕
＝

5
イニング
こばやしかんえい 小林幹英 ＋ ちょうのひさよし 長野久義
＝

6
イニング
たかはしこうや 高橋昂也 － あ べ ともひろ 安部友裕
＝

7
イニング
ちょうのひさよし 長野久義 ＋ なかざきしょうた 中﨑翔太
＝

8
イニング
あいざわ つばさ 會澤 翼 ＋ えんどうあつし 遠藤淳志
＝

9
イニング
なかざきしょうた 中﨑翔太 ＋ しらはまゆうた 白濱裕太
＝

解けたらえらい！

20ゲーム

点 / 18点

1
イニング
と だたかや 戸田隆矢 － こ ぞ の かいと 小園海斗
＝

2
イニング
こう しんじ 高 信二 － こくぼてつや 小窪哲也
＝

3
イニング
メヒア ＋ なかた れん 中田 廉
＝

4
イニング
くわはら たつき 桒原 樹 － いしはらよしゆき 石原慶幸
＝

5
イニング
さかくらしょうご 坂倉将吾 ＋ く り あれん 九里亜蓮
＝

6
イニング
ピレラ ＋ こくぼてつや 小窪哲也
＝

7
イニング
さ さ おかしんじ 佐々岡真司 － アドゥワ まこと 誠
＝

8
イニング
やぶたかずき 薮田和樹 ＋ たなかのりひこ 田中法彦
＝

9
イニング
あいざわ つばさ 會澤 翼 ＋ いちおかりゅうじ 一岡竜司
＝

解けたらすごいよ！

クイズ 36問

答え：田中広輔

01ゲーム

点 ／ 18点

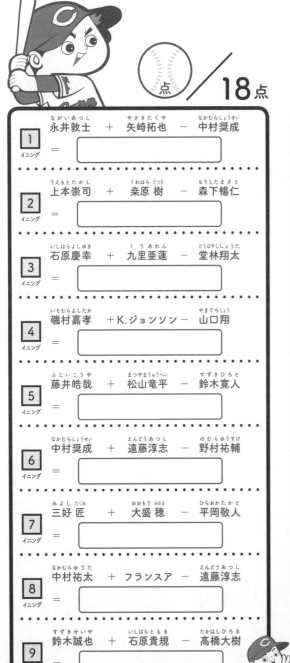

1 イニング
なが い あつ し　　　や さき たく や　　　なか むら しょう せい
永井敦士　＋　矢崎拓也　ー　中村奨成
＝

2 イニング
うえ もと たか し　　　く わはら たつ き　　　もり した まさ と
上本崇司　＋　栗原 樹　ー　森下暢仁
＝

3 イニング
いしはらよしゆき　　　く り あ れん　　　どう ばやし しょう た
石原慶幸　＋　九里亜蓮　ー　堂林翔太
＝

4 イニング
いそ むら よし たか　　　　　　　　　やま ぐち しょう
磯村嘉孝　＋K.ジョンソンー　山口翔
＝

5 イニング
ふじ い こう や　　　まつ やま りゅう へい　　　すず き ひろ と
藤井皓哉　＋　松山竜平　ー　鈴木寛人
＝

6 イニング
なか むら しょう せい　　　えん どう あつ し　　　の むら ゆう すけ
中村奨成　＋　遠藤淳志　ー　野村祐輔
＝

7 イニング
み よし たくみ　　　おお もり みのる　　　ひら おか た かと
三好 匠　＋　大盛 穂　ー　平岡敬人
＝

8 イニング
なか むら ゆう た　　　　　　　　えん どう あつ し
中村祐太　＋　フランスア　ー　遠藤淳志
＝

9 イニング
すず き せい や　　　いし はら とも き　　　たか はし ひろ き
鈴木誠也　＋　石原貴規　ー　髙橋大樹
＝

と
解けたらえらい！

02ゲーム

点 ／ 18点

1 イニング
う ぐさ こう き　　　た なか のり ひこ　　　と だ たか や
宇草孔基　＋　田中法彦　ー　戸田隆矢
＝

2 イニング
ちょう の ひさ よし　　　しょう ずい ゆう や　　　あ べ とも ひろ
長野久義　＋　正隨優弥　ー　安部友裕
＝

3 イニング
にら さわ ゆう や　　　　まこと　　　うえ もと たか し
韮澤雄也　＋　ケムナ誠　ー　上本崇司
＝

4 イニング
なが い あつ し　　　すず き せい や　　　いち おか りゅう じ
永井敦士　＋　鈴木誠也　ー　一岡竜司
＝

5 イニング
こ くぼ てつ や　　　　　　　　　　なか むら ゆう た
小窪哲也　＋　メヒア　ー　中村祐太
＝

6 イニング
ひら おか たか と　　　や ぶた かず き　　　く わはら たつ き
平岡敬人　＋　藪田和樹　ー　栗原 樹
＝

7 イニング
さか くら しょう ご　　　　まこと　　　しら はま ゆう た
坂倉将吾　＋　ケムナ誠　ー　白濱裕太
＝

8 イニング
とこ だ ひろ き　　　にし かわ りょう ま　　　なか た れん
床田寛樹　＋　西川龍馬　ー　中田 廉
＝

9 イニング
たま むら しょう ご　　　やま ぐち しょう　　　　まこと
玉村昇悟　＋　山口翔　ー　アドゥワ誠
＝

と
解けたらすごいよ！

クイズ 37問

ドラフト6位で入団し、2019年は二軍で105試合に出場、本塁打6本を打った強打者は誰でしょうか？ 今年は一軍デビューがあるかもしれないよ。

難易度 ④

※問題の解き方は表紙のウラを見てね!

03ゲーム

点／**18**点

1 イニング	なかむらきょうへい 中村恭平 ＋ どうばやししょうた 堂林翔太 － たかはしひろき 高橋大樹 ＝	
2 イニング	いそむらよしたか 磯村嘉孝 ＋ たなかこうすけ 田中広輔 － おおせらだいち 大瀬良大地 ＝	
3 イニング	いまむらたける 今村 猛 ＋ ひらおかたかと 平岡敬人 － きくちりょうすけ 菊池涼介 ＝	
4 イニング	おおせらだいち 大瀬良大地 ＋ おおもりみのる 大盛 穂 － さかくらしょうご 坂倉将吾 ＝	
5 イニング	たかはしみきや 髙橋樹也 ＋ なかむらしょうせい 中村奨成 － えんどうあつし 遠藤淳志 ＝	
6 イニング	ながかわかつひろ 永川勝浩 ＋ とだたかや 戸田隆矢 － ながいあつし 永井敦士 ＝	
7 イニング	のむらゆうすけ 野村祐輔 ＋ アドゥワ誠 － えんどうあつし 遠藤淳志 ＝	
8 イニング	ほりえあつや 塹江敦哉 ＋K.ジョンソン－ まこと ケムナ誠 ＝	
9 イニング	しまうちそうたろう 島内颯太郎 ＋ おかだあきたけ 岡田明丈 － なかがみたくと 中神拓都 ＝	

解けたらえらい!

04ゲーム

点／**18**点

1 イニング	やまぐちしょう 山口 翔 ＋ のむらゆうすけ 野村祐輔 － ながいあつし 永井敦士 ＝	
2 イニング	なかむらしょうせい 中村奨成 ＋ きくちりょうすけ 菊池涼介 － のまたかよし 野間峻祥 ＝	
3 イニング	なかたれん 中田 廉 ＋ くわはらたつき 栗原 樹 － たかはしひろき 髙橋大樹 ＝	
4 イニング	あかまつまさと 赤松真人 ＋ うえもとたかし 上本崇司 － やまぐちしょう 山口 翔 ＝	
5 イニング	とこだひろき 床田寛樹 ＋ きくちやすのり 菊池保則 － のまたかよし 野間峻祥 ＝	
6 イニング	しょうずいゆうや 正隨優弥 ＋ いそむらよしたか 磯村嘉孝 － まこと ケムナ誠 ＝	
7 イニング	ながいあつし 永井敦士 ＋ なかむらしょうせい 中村奨成 － いしはらよしゆき 石原慶幸 ＝	
8 イニング	どうばやししょうた 堂林翔太 ＋ たかはしみきや 髙橋樹也 － くりあれん 九里亜蓮 ＝	
9 イニング	なかむらきょうへい 中村恭平 ＋ いちおかりゅうじ 一岡竜司 － すずきせいや 鈴木誠也 ＝	

解けたらすごいよ!

この答えの子
クイズ 37問　答え：正隨優弥

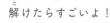

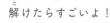

83

05ゲーム

点／18点

1 イニング	はつきりゅうたろう 羽月隆太郎 ＋ あいざわつばさ 會澤 翼 － きくちりょうすけ 菊池涼介
	＝

2 イニング	たかはしひろき 髙橋大樹 ＋ たなかのりひこ 田中法彦 － いしはらよしゆき 石原慶幸
	＝

3 イニング	なかた れん 中田 廉 ＋ しらはまゆうた 白濱裕太 － はやし こうた 林 晃汰
	＝

4 イニング	くり あれん 九里亜蓮 ＋ にしかわりょうま 西川龍馬 － とだたかや 戸田隆矢
	＝

5 イニング	なかむらしょうせい 中村奨成 ＋ アドゥワ誠 － こくぼてつや 小窪哲也
	＝

6 イニング	たなかこうすけ 田中広輔 ＋ なかむらきょうへい 中村恭平 － まこと ケムナ誠
	＝

7 イニング	たかはしひろき 髙橋大樹 ＋ いちおかりゅうじ 一岡竜司 － なかむらきょうへい 中村恭平
	＝

8 イニング	なかざきしょうた 中﨑翔太 ＋ とだたかや 戸田隆矢 － いそむらよしたか 磯村嘉孝
	＝

9 イニング	あかまつまさと 赤松真人 ＋ ほりえあつや 塹江敦哉 － モンティージャ
	＝

解けたらえらい！

06ゲーム

点／18点

1 イニング	ふじいこうや 藤井皓哉 ＋ しょうずいゆうや 正隨優弥 － うえもとたかし 上本崇司
	＝

2 イニング	いしはらよしゆき 石原慶幸 ＋ きくちりょうすけ 菊池涼介 － くわはら たつき 栗原 樹
	＝

3 イニング	えんどうあつし 遠藤淳志 ＋ なかむらしょうせい 中村奨成 － そ ね かいせい 曽根海成
	＝

4 イニング	ながいあつし 永井敦士 ＋ のむらゆうすけ 野村祐輔 － ちょうのひさよし 長野久義
	＝

5 イニング	あいざわつばさ 會澤 翼 ＋ の またかよし 野間峻祥 － くり あれん 九里亜蓮
	＝

6 イニング	たかはしひろき 髙橋大樹 ＋ あ べともひろ 安部友裕 － ちょうのひさよし 長野久義
	＝

7 イニング	さかくらしょうご 坂倉将吾 ＋ えんどうあつし 遠藤淳志 － ほりえあつや 塹江敦哉
	＝

8 イニング	とだたかや 戸田隆矢 ＋ なかむらきょうへい 中村恭平 － さわざきとしかず 澤﨑俊和
	＝

9 イニング	ひらおかたかと 平岡敬人 ＋ なかむらきょうへい 中村恭平 － うね たつみ 畝 龍実
	＝

解けたらすごいよ！

クイズ38問

2017年に15勝を記録しましたが、2018、2019年と調子を落としている。今年こそは二桁勝利を目指す投手は誰でしょうか？

難易度 ❹

※問題の解き方は表紙のウラを見てね！

07ゲーム

点／18点

1. イニング
くわはら たつき　　　なかむらしょうせい　　　いしはらよしゆき
栗原 樹 ＋ 中村奨成 － 石原慶幸
=

2. イニング
いちおかりゅうじ　　　ひがしであきひろ　　　こばやしかんえい
一岡竜司 ＋ 東出輝裕 － 小林幹英
=

3. イニング
ひろせ じゅん　　　こくぼてつや　　　まこと
廣瀬 純 ＋ 小窪哲也 － ケムナ誠
=

4. イニング
うえだゆきひろ　　　すずきせいや　　　まつやまりゅうへい
植田幸弘 ＋ 鈴木誠也 － 松山竜平
=

5. イニング
いそむらよしたか　　　やまぐち しょう　　　おおせらだいち
磯村嘉孝 ＋ 山口 翔 － 大瀬良大地
=

6. イニング
みよし たくみ　　　やさきたくや　　　こくぼてつや
三好 匠 ＋ 矢崎拓也 － 小窪哲也
=

7. イニング
なかむらしょうせい　　　のまたかよし　　　もりしたまさと
中村奨成 ＋ 野間峻祥 － 森下暢仁
=

8. イニング
ほりえあつや　　　しらはまゆうた　　　どうばやししょうた
薮江敦哉 ＋ 白濱裕太 － 堂林翔太
=

9. イニング
ながかわかつひろ　　　まこと　　　おおせらだいち
永川勝浩 ＋ ケムナ誠 － 大瀬良大地
=

解けたらえらい！

08ゲーム

点／18点

1. イニング
ほりえあつや　　　やぶたかずき　　　くわはら たつき
薮江敦哉 ＋ 薮田和樹 － 栗原 樹
=

2. イニング
ひらおかたかと　　　あかまつまさと　　　にしかわりょうま
平岡敬人 ＋ 赤松真人 － 西川龍馬
=

3. イニング
なかがみたくと　　　いまむら たける　　　こう しんじ
中神拓都 ＋ 今村 猛 － 高 信二
=

4. イニング
とこだひろき　　　さかくらしょうご　　　やさきたくや
床田寛樹 ＋ 坂倉将吾 － 矢崎拓也
=

5. イニング
ふじいこうや　　　いそむらよしたか　　　やまだかずとし
藤井皓哉 ＋ 磯村嘉孝 － 山田和利
=

6. イニング
ながいあつし　　　まつやまりゅうへい　　　きくちはらつよし
永井敦士 ＋ 松山竜平 － 菊地原毅
=

7. イニング
たかはしこうや　　　なかた れん　　　やまぐち しょう
高橋昂也 ＋ 中田 廉 － 山口 翔
=

8. イニング
みよし たくみ　　　たまきともたか　　　たかはしひろき
三好 匠 ＋ 玉木朋孝 － 髙橋大樹
=

9. イニング
ちょうのひさよし　　　えんどうあつし　　　しまうちそうたろう
長野久義 ＋ 遠藤淳志 － 島内颯太郎
=

解けたらすごいよ！

クイズ 38問　答え：薮田和樹

難易度 ❹

※問題の解き方は表紙のウラを見てね！

09ゲーム

〇点／18点

1 イニング
山口 翔（やまぐち しょう） ＋ 小園海斗（こぞのかいと） － 薮田和樹（やぶたかずき）
＝

2 イニング
鈴木誠也（すずきせいや） ＋ 藤井皓哉（ふじいこうや） － 宇草孔基（うぐさこうき）
＝

3 イニング
アドゥワ誠（まこと） ＋ 大瀬良大地（おおせらだいち） － 曽根海成（そねかいせい）
＝

4 イニング
メヒア ＋ 遠藤淳志（えんどうあつし） － モンティージャ
＝

5 イニング
永井敦士（ながいあつし） ＋ 山口 翔（やまぐちしょう） － 迎 祐一郎（むかえ ゆういちろう）
＝

6 イニング
畝 龍実（うね たつみ） ＋ 佐々岡真司（ささおかしんじ） － フランスア
＝

7 イニング
高橋樹也（たかはしみきや） ＋ 九里亜蓮（くりあれん） － 森下暢仁（もりしたまさと）
＝

8 イニング
鈴木誠也（すずきせいや） ＋ 高 信二（こうしんじ） － 平岡敬人（ひらおかたかと）
＝

9 イニング
中村祐太（なかむらゆうた） ＋ 栗原 樹（くわはら たつき） － 今村 猛（いまむら たける）
＝

解けたらえらい！

10ゲーム

〇点／18点

1 イニング
横山竜士（よこやまりゅうじ） ＋ 菊池涼介（きくちりょうすけ） － K.ジョンソン
＝

2 イニング
ケムナ誠（まこと） ＋ 永川勝浩（ながかわかつひろ） － 白濱裕太（しらはまゆうた）
＝

3 イニング
小窪哲也（こくぼてつや） ＋ 永井敦士（ながいあつし） － 鈴木誠也（すずきせいや）
＝

4 イニング
菊池保則（きくちやすのり） ＋ 中村奨成（なかむらしょうせい） － 岡田明丈（おかだあきたけ）
＝

5 イニング
平岡敬人（ひらおかたかと） ＋ K.ジョンソン － メヒア
＝

6 イニング
廣瀬 純（ひろせ じゅん） ＋ 中田 廉（なかた れん） － 玉村昇悟（たまむらしょうご）
＝

7 イニング
K.ジョンソン ＋ 西川龍馬（にしかわりょうま） － 中﨑翔太（なかざきしょうた）
＝

8 イニング
三好 匠（みよし たくみ） ＋ 倉 義和（くら よしかず） － 菊池涼介（きくちりょうすけ）
＝

9 イニング
羽月隆太郎（はつきりゅうたろう） ＋ 野村祐輔（のむらゆうすけ） － 上本崇司（うえもとたかし）
＝

解けたらすごいよ！

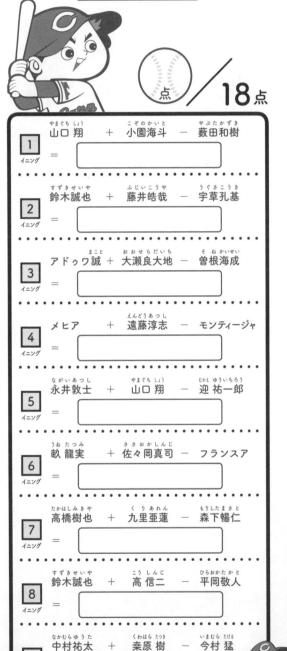
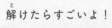

クイズ 39問 2019年は150キロ以上のストレートを武器に43試合に登板した左腕は誰でしょう？ 今季はプロ10年目で勝負の年。日本一の立役者になって欲しい。

01ゲーム

点／18点

1 イニング	小窪哲也	× 鈴木誠也	=
2 イニング	松山竜平	× 大瀬良大地	=
3 イニング	戸田隆矢	× 野村祐輔	=
4 イニング	中村恭平	× 長野久義	=
5 イニング	アドゥワ誠	× 菊池涼介	=
6 イニング	會澤翼	× 三好匠	=
7 イニング	中崎翔太	× 野間峻祥	=
8 イニング	長野久義	× 坂倉将吾	=
9 イニング	K.ジョンソン	× 小窪哲也	=

解けたらえらい！

02ゲーム

点／18点

1 イニング	岡田明丈	× 平岡敬人	=
2 イニング	矢崎拓也	× K.ジョンソン	=
3 イニング	床田寛樹	× 正随優弥	=
4 イニング	石原慶幸	× 石原慶幸	=
5 イニング	ケムナ誠	× 堂林翔太	=
6 イニング	菊池涼介	× 中田廉	=
7 イニング	藤井皓哉	× 小窪哲也	=
8 イニング	鈴木誠也	× 水本勝己	=
9 イニング	一岡竜司	× 矢崎拓也	=

解けたらすごいよ！

クイズ 39問　答え：中村恭平

87

難易度 ⑤

※問題の解き方は表紙のウラを見てね！

03ゲーム

点／18点

1 イニング	菊池涼介（きくちりょうすけ）	÷	3	=
2 イニング	小園海斗（こぞのかいと）	÷	17	=
3 イニング	アドゥワ誠（まこと）	÷	24	=
4 イニング	DJ ジョンソン	÷	29	=
5 イニング	九里亜蓮（くりあれん）	÷	3	=
6 イニング	會澤翼（あいざわつばさ）	÷	9	=
7 イニング	西川龍馬（にしかわりょうま）	÷	21	=
8 イニング	菊池涼介（きくちりょうすけ）	÷	3	=
9 イニング	羽月隆太郎（はつきりゅうたろう）	÷	23	=

解けたらえらい！

04ゲーム

点／18点

1 イニング	鈴木誠也（すずきせいや）	÷	1	=
2 イニング	永井敦士（ながいあつし）	÷	30	=
3 イニング	磯村嘉孝（いそむらよしたか）	÷	2	=
4 イニング	K.ジョンソン	÷	14	=
5 イニング	中村奨成（なかむらしょうせい）	÷	11	=
6 イニング	永川勝浩（ながかわかつひろ）	÷	37	=
7 イニング	岡田明丈（おかだあきたけ）	÷	1	=
8 イニング	田中広輔（たなかこうすけ）	÷	2	=
9 イニング	佐々岡真司（ささおかしんじ）	÷	4	=

解けたらすごいよ！

クイズ 40問

2019年は一軍ピッチングコーチをしていましたが、今季、新監督に就任した元沢村賞投手は誰でしょうか？　悲願の日本一を達成して優勝監督になって欲しい。

難易度 ❺

※問題の解き方は表紙のウラを見てね！

05ゲーム

点 / 18点

1	今村 猛	×	森下暢仁	=	
イニング					

2	一岡竜司	÷	6	=	
イニング					

3	大瀬良大地	×	田中広輔	=	
イニング					

4	スコット	÷	35	=	
イニング					

5	小林幹英	×	野間峻祥	=	
イニング					

6	三好 匠	×	小園海斗	=	
イニング					

7	白濱裕太	÷	8	=	
イニング					

8	堂林翔太	×	西川龍馬	=	
イニング					

9	東出輝裕	÷	24	=	
イニング					

解けたらえらい！

06ゲーム

点 / 18点

1	ピレラ	÷	5	=	
イニング					

2	赤松真人	÷	31	=	
イニング					

3	中崎翔太	×	田中広輔	=	
イニング					

4	西川龍馬	×	會澤 翼	=	
イニング					

5	安部友裕	÷	2	=	
イニング					

6	永井敦士	×	坂倉将吾	=	
イニング					

7	佐々岡真司	÷	林 晃汰	=	
イニング					

8	林 晃汰	×	田中広輔	=	
イニング					

9	メヒア	÷	安部友裕	=	
イニング					

解けたらすごいよ！

クイズ 40問　答え：佐々岡真司

89

01ゲーム

1	29
2	95
3	85
4	20
5	131
6	62
7	62
8	20
9	78

02ゲーム

1	92
2	78
3	57
4	61
5	68
6	13
7	5
8	111
9	63

03ゲーム

1	28
2	29
3	81
4	25
5	110
6	74
7	34
8	117
9	39

04ゲーム

1	57
2	71
3	60
4	69
5	89
6	64
7	40
8	94
9	19

05ゲーム

1	54
2	81
3	100
4	75
5	76
6	26
7	99
8	74
9	55

06ゲーム

1	56
2	74
3	74
4	39
5	73
6	81
7	93
8	41
9	95

07ゲーム

1	20
2	44
3	6
4	87
5	5
6	31
7	7
8	16
9	31

08ゲーム

1	41
2	49
3	50
4	52
5	17
6	26
7	71
8	23
9	13

09ゲーム

1	21
2	40
3	68
4	30
5	59
6	7
7	78
8	41
9	74

10ゲーム

1	39
2	41
3	23
4	54
5	89
6	48
7	73
8	40
9	28

11ゲーム

1	72
2	16
3	50
4	19
5	62
6	40
7	38
8	5
9	14

12ゲーム

1	98
2	38
3	51
4	13
5	90
6	56
7	58
8	57
9	35

13ゲーム

1	56
2	17
3	48
4	78
5	27
6	62
7	43
8	65
9	64

14ゲーム

1	32
2	77
3	8
4	39
5	39
6	101
7	56
8	35
9	30

15ゲーム

1	41
2	39
3	45
4	53
5	36
6	40
7	20
8	40
9	65

16ゲーム

1	19
2	23
3	100
4	51
5	39
6	30
7	40
8	12
9	44

17ゲーム

1	108
2	53
3	83
4	51
5	68
6	93
7	56
8	44
9	48

18ゲーム

1	35
2	41
3	40
4	55
5	51
6	61
7	98
8	73
9	59

19ゲーム

1	39
2	74
3	29
4	49
5	47
6	35
7	82
8	56
9	22

20ゲーム

1	43
2	87
3	37
4	24
5	25
6	81
7	62
8	30
9	51

21ゲーム

1	55
2	72
3	66
4	73
5	59
6	37
7	103
8	49
9	39

22ゲーム

1	107
2	63
3	87
4	46
5	22
6	56
7	47
8	63
9	47

23ゲーム

1	43
2	102
3	30
4	65
5	56
6	117
7	10
8	45
9	40

24ゲーム

1	34
2	64
3	67
4	11
5	106
6	60
7	67
8	22
9	94

25ゲーム

1	14
2	67
3	17
4	86
5	48
6	19
7	14
8	36
9	30

26ゲーム

1	52
2	60
3	53
4	52
5	39
6	77
7	70
8	25
9	41

27ゲーム

1	18
2	54
3	62
4	35
5	61
6	21
7	75
8	47
9	80

28ゲーム

1	49
2	48
3	27
4	36
5	11
6	64
7	27
8	56
9	75

29ゲーム

1	59
2	59
3	36
4	73
5	90
6	14
7	44
8	65
9	71

30ゲーム

1	38
2	34
3	71
4	58
5	31
6	12
7	42
8	37
9	71

31ゲーム

1	8
2	43
3	113
4	3023
5	35
6	43
7	14
8	15
9	64

32ゲーム

1	32
2	51
3	108
4	69
5	59
6	20
7	31
8	33
9	127

33ゲーム

1	118
2	35
3	67
4	51
5	38
6	44
7	66
8	74
9	53

34ゲーム

1	56
2	203
3	71
4	56
5	47
6	28
7	27
8	100
9	33

35ゲーム

1	23
2	8
3	100
4	95
5	59
6	6
7	88
8	44
9	63

36ゲーム

1	20
2	135
3	147
4	120
5	55
6	49
7	34
8	136
9	100

01ゲーム

1	15
2	55
3	70
4	68
5	68
6	29
7	104
8	61
9	73

02ゲーム

1	27
2	72
3	51
4	44
5	74
6	76
7	103
8	67
9	69

03ゲーム

1	81
2	87
3	98
4	64
5	67
6	76
7	67
8	52
9	132

04ゲーム

1	62
2	58
3	36
4	144
5	55
6	113
7	25
8	57
9	98

05ゲーム

1	85
2	97
3	80
4	59
5	65
6	55
7	32
8	70
9	43

06ゲーム

1	65
2	89
3	23
4	44
5	78
6	97
7	74
8	114
9	73

07ゲーム

1	79
2	120
3	79
4	37
5	78
6	87
7	56
8	18
9	66

08ゲーム

1	64
2	44
3	31
4	82
5	110
6	46
7	95
8	33
9	68

09ゲーム

1	103
2	93
3	97
4	73
5	62
6	59
7	45
8	50
9	55

10ゲーム

1	83
2	109
3	73
4	45
5	55
6	55
7	66
8	14
9	83

11ゲーム

1	114
2	65
3	91
4	27
5	127
6	68
7	74
8	59
9	64

12ゲーム

1	92
2	78
3	82
4	65
5	37
6	49
7	82
8	48
9	103

13ゲーム

1	96
2	56
3	85
4	59
5	60
6	69
7	54
8	71
9	166

14ゲーム

1	63
2	49
3	61
4	53
5	49
6	59
7	74
8	98
9	62

15ゲーム

1	62
2	63
3	148
4	65
5	75
6	114
7	118
8	42
9	19

16ゲーム

1	37
2	71
3	34
4	61
5	4
6	77
7	15
8	63
9	61

17ゲーム

1	40
2	120
3	27
4	32
5	42
6	71
7	70
8	46
9	35

18ゲーム

1	8
2	53
3	47
4	70
5	133
6	82
7	79
8	123
9	62

19ゲーム

1	70
2	25
3	42
4	162
5	157
6	98
7	189
8	68
9	143

20ゲーム

1	126
2	103
3	10
4	65
5	112
6	102
7	17
8	78
9	20

21ゲーム

1	71
2	52
3	8
4	47
5	87
6	103
7	57
8	89
9	122

22ゲーム

1	52
2	92
3	74
4	41
5	68
6	43
7	80
8	65
9	104

23ゲーム

1	65
2	102
3	44
4	62
5	85
6	118
7	79
8	89
9	69

24ゲーム

1	146
2	76
3	64
4	3
5	42
6	116
7	41
8	42
9	54

25ゲーム

1	44
2	9
3	68
4	65
5	42
6	50
7	79
8	95
9	102

26ゲーム

1	65
2	40
3	48
4	110
5	80
6	151
7	10
8	129
9	98

27ゲーム

1	30
2	58
3	121
4	78
5	69
6	116
7	77
8	70
9	52

28ゲーム

1	144
2	175
3	49
4	18
5	49
6	79
7	29
8	116
9	95

29ゲーム

1	50
2	124
3	13
4	5
5	126
6	48
7	137
8	117
9	127

30ゲーム

1	31
2	41
3	36
4	96
5	74
6	81
7	75
8	16
9	50

31ゲーム

1	37
2	52
3	102
4	97
5	58
6	91
7	72
8	83
9	17

32ゲーム

1	41
2	7
3	85
4	112
5	108
6	64
7	70
8	111
9	33

33ゲーム

1	63
2	39
3	63
4	63
5	27
6	99
7	72
8	125
9	65

34ゲーム

1	79
2	125
3	68
4	127
5	125
6	96
7	57
8	60
9	34

35ゲーム

1	92
2	39
3	89
4	79
5	60
6	127
7	83
8	95
9	16

36ゲーム

1	29
2	67
3	93
4	89
5	100
6	40
7	108
8	37
9	39

37ゲーム

1	195
2	48
3	31
4	68
5	68
6	39
7	130
8	100
9	151

38ゲーム

1	51
2	67
3	72
4	58
5	98
6	33
7	103
8	17
9	43

39ゲーム

1	76
2	26
3	79
4	126
5	62
6	95
7	20
8	88
9	117

40ゲーム

1	17
2	56
3	63
4	6
5	72
6	57
7	107
8	121
9	74

	41ゲーム
1	55
2	148
3	87
4	99
5	84
6	66
7	53
8	77
9	89

	42ゲーム
1	87
2	100
3	96
4	42
5	61
6	50
7	49
8	73
9	38

	43ゲーム
1	35
2	92
3	129
4	64
5	71
6	27
7	93
8	63
9	33

	44ゲーム
1	66
2	64
3	13
4	134
5	88
6	59
7	90
8	68
9	47

	45ゲーム
1	77
2	90
3	92
4	52
5	149
6	11
7	65
8	99
9	34

	46ゲーム
1	65
2	69
3	67
4	88
5	83
6	62
7	137
8	27
9	43

	47ゲーム
1	37
2	46
3	59
4	106
5	100
6	20
7	59
8	77
9	83

	48ゲーム
1	99
2	45
3	54
4	135
5	93
6	41
7	109
8	44
9	71

	49ゲーム
1	45
2	29
3	69
4	87
5	33
6	73
7	41
8	78
9	96

	50ゲーム
1	49
2	70
3	79
4	122
5	68
6	88
7	60
8	99
9	78

	51ゲーム
1	103
2	83
3	3
4	68
5	123
6	97
7	78
8	45
9	110

	52ゲーム
1	75
2	101
3	85
4	131
5	100
6	75
7	81
8	143
9	106

01ゲーム

1	平岡　敬人
2	塹江　敦哉
3	高橋　樹也
4	安部　友裕
5	薮田　和樹
6	中田　廉
7	會澤　翼
8	大盛　穂
9	永川　勝浩

02ゲーム

1	今村　猛
2	小窪　哲也
3	西川　龍馬
4	戸田　隆矢
5	森下　暢仁
6	佐々岡　真司
7	矢崎　拓也
8	菊池　涼介
9	羽月　隆太郎

03ゲーム

1	朝山　東洋
2	堂林　翔太
3	メヒア
4	安部　友裕
5	藤井　黎來
6	K.ジョンソン
7	中田　廉
8	森笠　繁
9	小園　海斗

04ゲーム

1	小林　幹英
2	鈴木　誠也
3	中村　祐太
4	モンティージャ
5	永井　敦士
6	菊池　涼介
7	安部　友裕
8	三好　匠
9	西川　龍馬

05ゲーム

1	中神　拓都
2	小園　海斗
3	石原　慶幸
4	韮澤　雄也
5	石原　慶幸
6	西川　龍馬
7	赤松　真人
8	坂倉　将吾
9	松山　竜平

06ゲーム

1	東出　輝裕
2	林　晃汰
3	石原　貴規
4	畝　龍実
5	中村　奨成
6	床田　寛樹
7	林　晃汰
8	白濱　裕太
9	坂倉　将吾

07ゲーム

1	矢崎　拓也
2	田中　法彦
3	九里　亜蓮
4	中﨑　翔太
5	高橋　樹也
6	會澤　翼
7	一岡　竜司
8	水本　勝己
9	中田　廉

08ゲーム

1	小窪　哲也
2	中村　祐太
3	野村　祐輔
4	アドゥワ誠
5	宇草　孔基
6	DJジョンソン
7	中村　祐太
8	松山　竜平
9	坂倉　将吾

09ゲーム

1	横山　竜士
2	島内　颯太郎
3	メヒア
4	藤井　皓哉
5	永井　敦士
6	床田　寛樹
7	石原　慶幸
8	佐々岡　真司
9	小園　海斗

10ゲーム

1	正隨　優弥
2	中神　拓都
3	K.ジョンソン
4	安部　友裕
5	長野　久義
6	平岡　敬人
7	鈴木　誠也
8	堂林　翔太
9	野村　祐輔

11ゲーム

1	永川　勝浩
2	菊池　涼介
3	西川　龍馬
4	今村　猛
5	島内　颯太郎
6	大盛　穂
7	小窪　哲也
8	高橋　樹也
9	野間　峻祥

12ゲーム

1	ケムナ誠
2	林　晃汰
3	安部　友裕
4	K.ジョンソン
5	羽月　隆太郎
6	野村　祐輔
7	永井　敦士
8	小林　幹英
9	藤井　皓哉

13ゲーム

1	正隨　優弥
2	畝　龍実
3	來原樹
4	磯村　嘉孝
5	野村　祐輔
6	澤﨑　俊和
7	菊池　涼介
8	メヒア
9	中村　奨成

14ゲーム

1	石原　慶幸
2	平岡　敬人
3	赤松　真人
4	堂林　翔太
5	中村　祐太
6	山田　和利
7	坂倉　将吾
8	島内　颯太郎
9	モンティージャ

15ゲーム

1	坂倉　将吾
2	フランスア
3	小園　海斗
4	岡田　明丈
5	K.ジョンソン
6	フランスア
7	大盛　穂
8	松山　竜平
9	山口　翔

16ゲーム

1	高橋　樹也
2	菊池　涼介
3	田中　法彦
4	白濱　裕太
5	藤井　黎來
6	高橋　昂也
7	東出　輝裕
8	西川　龍馬
9	森下　暢仁

17ゲーム

1	野村　祐輔
2	西川　龍馬
3	廣瀬　純
4	今村　猛
5	羽月　隆太郎
6	磯村　嘉孝
7	石原　慶幸
8	林　晃汰
9	高橋　樹也

18ゲーム

1	薮田　和樹
2	中田　廉
3	來原樹
4	坂倉　将吾
5	菊池　涼介
6	中村　恭平
7	三好　匠
8	佐々岡　真司
9	迎　祐一郎

19ゲーム

1	迎　祐一郎
2	薮田　和樹
3	平岡　敬人
4	K.ジョンソン
5	畝　龍実
6	床田　寛樹
7	中田　廉
8	赤松　真人
9	戸田　隆矢

20ゲーム

1	田中　広輔
2	中村　祐太
3	佐々木　健
4	大瀬良　大地
5	小林　幹英
6	大瀬良　大地
7	磯村　嘉孝
8	山田
9	田

01ゲーム

1	小園 海斗
2	會澤 翼
3	塹江 敦哉
4	三好 匠
5	林 晃汰
6	羽月 隆太郎
7	中田 廉
8	モンティージャ
9	矢崎 拓也

02ゲーム

1	K.ジョンソン
2	アドゥワ誠
3	朝山 東洋
4	石原 慶幸
5	菊池 涼介
6	高橋 樹也
7	DJ ジョンソン
8	玉村 昇悟
9	中村 恭平

03ゲーム

1	中崎 翔太
2	床田 寛樹
3	小園 海斗
4	九里 亜蓮
5	田中 広輔
6	中村 祐太
7	鈴木 誠也
8	正隨 優弥
9	小窪 哲也

04ゲーム

1	安部 友裕
2	森下 暢仁
3	中崎 翔太
4	高橋 樹也
5	一岡 竜司
6	永井 敦士
7	小園 海斗
8	藤井 皓哉
9	赤松 真人

05ゲーム

1	西川 龍馬
2	倉 義和
3	大瀬良 大地
4	中村 奨成
5	遠藤 淳志
6	野間 峻祥
7	今村 猛
8	高橋 昂也
9	石原 慶幸

06ゲーム

1	玉木 朋孝
2	野村 祐輔
3	佐々岡 真司
4	永川 勝浩
5	鈴木 寛人
6	小園 海斗
7	迎 祐一郎
8	一岡 竜司
9	韮澤 雄也

07ゲーム

1	塹江 敦哉
2	ケムナ誠
3	髙橋 大樹
4	一岡 竜司
5	小林 幹英
6	林 晃汰
7	藤井 皓哉
8	坂倉 将吾
9	水本 勝己

08ゲーム

1	大瀬良 大地
2	モンティージャ
3	鈴木 誠也
4	倉 義和
5	鈴木 誠也
6	ケムナ誠
7	矢崎 拓也
8	廣瀬 純
9	床田 寛樹

09ゲーム

1	廣瀬 純
2	小窪 哲也
3	石原 貴規
4	中村 恭平
5	今村 猛
6	羽月 隆太郎
7	磯村 嘉孝
8	小窪 哲也
9	メヒア

10ゲーム

1	小林 幹英
2	高 信二
3	西川 龍馬
4	林 晃汰
5	大瀬良 大地
6	塹江 敦哉
7	植田 幸弘
8	畝 龍実
9	佐々岡 真司

01ゲーム

1	4
2	770
3	1007
4	320
5	1584
6	945
7	777
8	305
9	168

02ゲーム

1	1156
2	546
3	1372
4	961
5	203
6	858
7	164
8	89
9	390

03ゲーム

1	11
2	3
3	2
4	2
5	4
6	3
7	3
8	11
9	3

04ゲーム

1	1
2	2
3	20
4	3
5	2
6	2
7	17
8	1
9	22

05ゲーム

1	288
2	5
3	28
4	2
5	2701
6	1785
7	4
8	441
9	3

06ゲーム

1	2
2	3
3	42

95